AF360776

Nouvelle théorie

de la

formation des filons.

Application de cette théorie à l'exploitation des mines particulierement de
celles de Freiberg.

———

Par A. G. Werner,

Conseiller des mines de Saxe,

professeur de Minéralogie, de l'art de l'exploitation
des mines etc.

Ouvrage traduit de l'allemand et augmenté d'un
grand nombre de notes, dont plusieurs ont
été fournies par l'auteur même.

Orné de son portrait.

———

A Freiberg,
Chez Craz, libraire.
1802.

PREFACE.

L'ouvrage dont nous donnons ici la traduction, n'est point une de ces productions ephémères, jeux de l'imagination d'un spéculateur oisif; c'est le résultat de plus de trente ans d'observations assidues faites par une personne vouée par goût comme par état à ce genre de travail.

Professeur de Minéralogie, Conseiller des mines, dans un des pays de l'Europe les plus riches en minéraux divers, les occasions et les moyens de voir la Nature dans ses propres atteliers n'ont pas manqué à Werner. Plus de 200 exploitations différentes sont répandues autour de Freyberg; c'est là qu'il a en quelque sorte passé sa jeunesse, c'est là qu'il a LU sa *théorie des filons;* elle y étoit écrite en caractères qu'il étoit impossible de méconnoitre.

Je ne parlerai point des talens particuliers, des heureuses dispositions, que l'Auteur peut avoir reçus de la nature : qu'il me suffise de dire qu'à peine sorti de l'enfance*), il créa en quelque sorte cette branche de la Minéralogie qu'il a appellée *Orictognosie;* que ses méthodes minéralogiques sont généralement adoptées dans presque toute l'Europe; que des étrangers de presque toutes les nations Européennes viennent à Freyberg en partie pour y profiter de ses leçons. ___________

Les filons, par les particularités de leur structure, par les phénomènes qu'ils présentent, peuvent nous fournir des données dans la recherche de la structure du globe terrestre, structure dont la connoissance est le but qu'on se propose dans la

____

*) Werner n'avoit que 22 ans, lorsqu'il publia son ouvrage sur les *caractères extérieurs des fossiles,* dans le quel il a posé les fondements de son *Orictognosie.*

Géognosie. Aussi ont-ils fixé l'attention de tous les Géognostes: Werner s'en est spécialement occupé, il a étudié cette matiere à fond, et l'on peut dire qu'il l'a fait avec le plus grand succès. Dans l'ouvrage qu'il a publié sur la *formation des filons*, la partie historique, l'exposition de sa théorie, les nombreuses observations sur lesquelles elle est fondée et qui l'ont en quelque sorte tirée de la classe des théories pour la mettre dans la classe des FAITS, l'utilité qu'on en peut retirer, tous ces objets sont traités en détail et d'une maniere satisfaisante. Deplus Werner, qui écrit très peu, a donné et rédigé lui même cet ouvrage. Ainsi j'ai cru rendre un service aux sciences en enpropageant la connoissance et le fesant connoitre *dans tous ces détails**) en France, où les

---

*) On en avoit déja un précis, très bien rédigé par le Cᵉⁿ· Coquebert et imprimé dans le Journal des mines No. 18.

connoissances géologiques sont cultivées avec un zêle et un succès qui fait beaucoup espérer pour l'avenir. Combien ne doit-on pas aux Saussure, aux Dolomieu, etc. *les premiers des Géognostes observateurs,* dit Werner?

On ne peut mieux faire l'éloge de la *nouvelle théorie des filons* qu'en parlant du cas qu'en fesoit l'illustre Minéralogiste des Alpes. Dans cet *agenda,* où il indique au Géologue les objets de ses recherches; lorsqu'il est parvenu au chap. XVIIIe consacré aux filons, il croit ne pouvoir rien faire de mieux que d'analyser la théorie Wernérienne, et d'engager l'observateur à diriger son attention sur les divers points de cette théorie.

Si jamais suffrage devoit flatter Werner ce seroit certainement celui du savant Génevois: Il croyoit avoir fait un grand pas dans la Minéralo-

gie depuis qu'il avoit eu connoissance de la méthode de Werner; *il faut,
disoit-il, se hâter le plus possible
de rendre universelle la langue minéralogique du célébre Werner:* ce
sont ses propres expressions (aver-
tissement placé à la tête du 3ᵉ. vol. in
4ᵉ. des voyages sur les Alpes).

Malgré ces hommages rendus à
la méthode minéralogique de Werner, malgré la réputation dont ce
savant jouisoit; ce n'est que dans
ces derniers tems qu'elle a percé en
France. Les progrès que la Minéralogie vient d'y *) faire devoient né-

---

*) Ce qui a principalemenr contribué à ces progrès, ce
sont les travaux du Cᵉⁿ· Haüy dans le *Cristallologie.*
Par une heureuse application de la Géométrie à cette
partie de la Minéralogie, ce savant l'a portée à sa
perfection, en y introduisant la précision et la certitude mathématique.

Les cristaux sont en quelque sorte la partie la
plus épurée des minéraux, la moins mélangée de
substances étrangères. Lorsque le cristal s'est formé,
la précipitation, d'où il est resulté. s'est faite plus
tranquillement, elle a été moins troublée: en sorte
que les parties constituantes essentielles du minéral

cessairement mener à la connoissance d'une méthode qui avoit l'as-
sentiment général des étrangers.
Le C^en Brochant a déja publié un
*traité de Minéralogie, suivant les
principes de Werner:* les productions du Minéralogiste de Freyberg
ne sont parvenues que d'une maniere bien indirecte à l'auteur du traité;
puisqu'il a été obligé de puiser uniquement dans les ouvrages des élèves de Werner, ouvrages où ces productions étoient souvent défigurées
et mutilées.   Malgré cet inconvé-
nient, qui étoit inévitable, le traité
du C^en Brochant, plus qu'aucun
autre, écrit même en Allemagne,
est propre à donner une idée de la
méthode de Werner: les remarques

---

ont eu la facilité de se joindre de la maniere la plus
convenable.   C'est donc dans les cristaux qu'il faut
principalement chercher les caractères distinctifs des
minéraux et de leurs espèces, puisqu'ils nous les présentent dans toute leur pureté, et comme dans leur
perfection.

judicieuses que l'on y trouve, et qui font honneur au discernement et aux connoissances de leur auteur, en augmentent de beaucoup le mérite.

Cet ouvrage traite principalement de l'Orictognosie. Quant à la Géognosie, science favorite de Werner, elle n'est guères connue, même en Allemagne, que de ses derniers élèves : ce n'est que depuis peu qu'il l'a rédigée en corps de science. Nous espérons pouvoir donner incessamment ce *Cours de Géognosie.*

La Géognosie de Werner n'est point un systême de *Géogonie*, ni même de *Cosmologie* : connoitre la structure de la croute solide du globe terrestre, et la disposition réciproque des masses qui la composent, voilà son but ; l'observation, voilà ses moyens ; les principes qui doivent diriger l'observateur, les objets qui

X

doivent fixer son attention dans ses recherches, les conséquences que l'Auteur a déja tirées de ses propres observations, voilà ce qu'elle enseigne : et, autant que j'en puis juger, peu d'ouvrages géologiques sont d'un aussi grand intérêt*). C'est lorsque Werner traite les grandes questions de Géognosie, qu'on voit vraiment en lui le Minéralogiste en grand, l'Historien de la Nature.

*) Tout dans cette science est fondé sur l'observation. Quand il s'agissoit de saisir le rapport de notre globe aux autres corps de l'univers, l'Astronome avoit un grand nombre de points de comparaison; placé à une grande distance de ces corps il pouvoit plus facilement embrasser leur ensemble. Mais le Géognoste est trop près du tableau qu'il veut décrire, pour en saisir l'ensemble d'un coup d'oeil: il doit en parcourir successivement tous les points, les examiner séparément les uns après les autres, lier ensuite ces observations séparées pour en faire un tout. Ainsi ce ne sera pas par des efforts d'imagination qu'on nous apprendra quelque chose de positif en Géognosie; mais bien par de nombreuses observations faites sur les diverses parties du globe, avec soin et plan, par un observateur judicieux et muni de connoissances orictognostiques suffisantes: ces observations devront être ensuite assemblées par une tête forte et exacte.

Le traité, dont nous donnons la traduction, est intitulé *Théorie de la formation des filons:* expliquons l'acception dans la quelle on doit prendre ici le mot *théorie.* Il indique souvent une simple hypothèse dont on cherche la confirmation dans les phénomènes de la nature: Ici au contraire, il désigne le résultat, la conséquence que Werner a tirée de certains faits qu'il a vu être les mêmes partout. Voici la marche qu'il a suivie dans l'établissement de cette théorie.

Il est descendu dans les entrailles de la terre, et il y a VU que la matiere des filons étoit absolument différente de celle de la roche adjacente; que cette matiere présentoit partout des cristallisations: or toute cristallisation supposant une dissolution préalable, il en a conclu que des dissolutions avoient autrefois pénétré dans l'espace où nous voyons aujourd'hui les filons. Il a VU que ces espaces étoient les fentes ou vides qui pouvoient et devoient même s'être formés dans les roches, pendant qu'elles étoient encore recouvertes de ces dissolutions. Il a VU que les substances minérales, qui s'en sont précipitées, ont rempli ces fentes et en ont fait des filons : Il a VU (la différence dans la nature des précipités ainsi que leur disposition respective le lui a fait voir) que toutes les diverses précipitations ne s'étoient pas faites en même tems, que certaines s'étoient faites à des époques différentes ; de là les *diverses formations de filons,* etc. etc. De sorte que chacun des principes de sa *théorie des filons* n'est qu'une conséquence naturelle et nécessaire des faits qu'il a observés.

Ce fut à peu près d'une maniere semblable que le grand Neuton VIT :

que la lune et les corps sublunaires tomboient vers la terre; que les planetes tomboient vers le soleil; que partout les corps gravitoient les uns vers les autres, qu'ils s'attiroient mutuellement; et après avoir calculé on plus exactement MESURÉ les accroissements et décroissements de cette gravitation générale, ce génie, aussi exact que profond, parvint à trouver les loix de la *force univer-selle* de la nature.

De même Lavoisier VIT: que le métal en s'oxidant absorboient une certaine quantité d'oxigène; que l'augmentation en poids du métal oxidé étoit exactement égale au poids de l'oxigène absorbé; il vit que le soufre, le phosphore en se combinant avec ce même oxigène se convertissoient en acides etc. etc. Ce fut après avoir vu ces faits constamment répétés, les avoir observés avec une précision admirable, et les avoir, pour ainsi dire, calculés avec une exactitude mathématique, qu'il publia sa nouvelle théorie chimique.

Telle est la maniere dont Werner a travaillé diverses parties de la Géognosie; partout le Minéralogiste saxon a suivi la même marche que le Physicien anglais, le Chymiste français, et tous ceux qui nous ont jamais appris quelque chose de positif et de réel dans les sciences naturelles. Toutes les fois que le Physicien et surtout le Naturaliste s'écarteront de cette marche, ils courront risque de substituer des rêves et des visions aux faits et aux lois de la nature.

Si, dans l'exposition de sa théorie, Werner employe la méthode inverse, c'est-à-dire, s'il pose d'abord le principe, et qu'il le prouve ensuite par les faits; c'est que cette méthode est plus commode pour exposer un corps de doctrine et pour en montrer l'ensemble.

Revenons à notre traduction. Les mêmes raisons qui nous ont portés à l'entreprendre nous ont engagés à la donner presque littérale. Werner a une maniere de s'exprimer qui lui est propre et qui est très précise: malheureusement les deux langues se correspondent trop peu, pour qu'il ait été possible de faire passer dans la traduction toute la précision de l'original. Hellot, Monnet *), donnant en français, l'un le *traité de la fonte des mines de Schlutter*, l'autre *celui de l'exploitation des mines d'Oppel*, ont éprouvé toute la difficulté et même, d'après leur aveu, l'impossibilité de traduire des ouvrages allemands

---

*) Traité de l'exploitation des mines par Monnet. Préface pag VIII.

sur la Minéralogie et sur les mines. Ils ont été obligés de perdre leurs originaux de vue, de renoncer à la méthode de ces auteurs allemands, et de refondre leurs ouvrages. Une marche semblable nous eût été bien préférable, si nous n'avions eû en vue que de donner une idée de la théorie de Werner: l'ouvrage eut été d'une lecture plus facile, plus agréable, le stile moins raboteux et moins chargé de répétions dissonantes: mais ce traité m'a paru devoir faire époque dans la partie de la Géognosie, qui traite des filons: de plus il est principalement destiné à ceux qui veulent étudier à fond cette science; ainsi nous avons cru convenable de donner *l'original même écrit en français:* la même raison nous a engagés à conserver les localités, et tous les détails des observations.

Le traducteur.

PREFACE
DE L'AUTEUR.

Depuis plus de 20 ans, je me suis occupé sans interruption d'une suite d'ob
servations géognostiques, et pour les
rendre plus utiles et plus applicables à la
pratique de l'exploitation des mines, je
les ai dirigés principalement vers tout ce
qui pouvoit m'instruire de la nature et des
particularités des différents *gîtes* de minéraux, particulièrement des filons, qui, étant
soumis à un plus grand nombre de variétés
et de changements, sont d'une nature plus
compliquée. En étudiant les filons, je me
suis efforcé non seulement de découvrir,
autant que possible, leur nature et leurs
propriétés, ainsi que les différents rapports
des uns à l'égard des autres, et à l'égard
des masses de montagnes dans les quelles
ils se trouvent; mais encore j'ai taché de
me procurer quelques lumieres sur leur

origine, et leur formation : de cette origine, comme d'une base fondamentale, j'ai cherché à dériver l'explication des particularités et des phénomenes qu'ils présentent.

Les déeouvertes, que j'ai eu le bonheur de faire sur cette matiere, surpassent tout ce que je pouvois me promettre dans un sujet si compliqué et si caché. Je présente ici aux minéralogistes et aux mineurs ces découvertes, ainsi que la *nouvelle théorie des filons*, que j'en ai déduite; ce sera une addition à nos connoissances dans la Géognosie principalement dans l'histoire de notre globe, et dans la science des mines.

Cette *nouvelle théorie* va remplir une lacune considerable, qui se trouvoit encore dans la géognosie : elle va répandre de nouvelles lumieres sur les diverses révolutions, qu'a éprouvé la masse de notre globe, et elle va ouvrir un vaste champ à de nouvelles observations et recherches. Elle augmentera et resserrera les rapports, qui existent déja entre l'Orictognosie et la

Géognosie et même entre la science de l'exploitation des mines et l'Oriktognosie; elle donnera parlà le moyen de faire de nouvelles applications de cette derniere branche de la Minéralogie.

Tous ceux, qui savent combien dans les mines on est obligé de tâtonner, presque toujours au hasard; soit pour chercher un filon connu ou inconnu que l'on veut exploiter; soit pour trouver dans un filon les points et endroits, qui contiennent suffisamment du minérai métallique; soit pour retrouver un filon, que l'on exploitoit et que l'on a perdu, ce qui arrive souvent; toutes ces personnes, dis-je, pourront aisément apprécier de quelle utilité la nouvelle théorie des filons peut-être à un mineur, à mesure qu'on la perfectionnera et qu'on l'appliquera aux dispositions et travaux que l'on fait dans l'intérieur des mines. Malgré cela pour mettre cette utilité dans tout son jour et pour en donner une notion exacte, j'ai destiné un chapitre de cet ouvrage à montrer en détail les avantages qu'on en peut tirer.

De plus, en traitant, dans le second chapitre, de l'histoire des anciennes théories des filons, j'ai cité qu'elle étoit, à l'égard des recherches sur la nature et la théorie des filons, la façon de penser d'une personne, (Mr. d'Oppel) certainement impartiale, et depuis long tems célébre parmi les mineurs par ses connoissances et par son expérience. L'exposition que j'ai faite de l'utilité de ma théorie dans le neuvieme chapitre, la façon de penser d'un juge compétent sur cet objet suffiront, j'ose m'en flatter, pour convaincre de cette utilité tous les mineurs instruits, tous ceux qui auront de l'expérience, des connoissances et qui l'auront étudiée sans prévention. Je ne me suis cependant pas contenté d'en exposer l'utilité, j'ai montré encore assez en détail la maniere d'en faire l'application à la pratique des mines. J'ai parlé de la maniere dont on pourroit atteindre ce but en fesant des plans et descriptions des districts des mines ainsi que des collections de minéraux ; le tout disposé d'une maniere convenable. Dans le dixieme chapitre, j'ai même fait une application de cette théorie au district des mines de Freyberg, qui est, à tous égards, le plus important de nos montagnes. Cette application consiste dans une description des diverses formations de filons métalliques, que ce district contient. Enfin quelques mineurs pouvant avoir adopté quelques anciennes théories et leur attachement pour elles pouvant être un obstacle au profit, que l'on peut tirer de celle que j'expose ici ; je me suis vu forcé, malgré mes répugnances pour les discussions polémiques, à montrer, de la maniere la plus évidente, le peu de fondement et la fausseté des anciennes opinions : c'est ce que j'ai fait dans le huitieme chapitre.

La théorie, que j'expose dans ce traité, est fondée sur des observations et des faits, en partie très connus, en partie nouveaux, et qu'on peut aisement vérifier: elle est encore fondée sur les théories incontestables, et généralement reçues, des loix et des effets de la nature, et enfin sur des analogies et des conséquences: tout ce qui est hypothétique en est exclu. Toutes les personnes instruites sur cette matiere peuvent en juger. Je désire tout aussi ardemment de la voir soumise à des épreuves rigoureuses et nombreuses, que d'apprendre que l'on rassemble une grande quantitée d'observations servant à rectifier et completer celles que j'ai faites et rapportées ici pour la fonder et pour l'expliquer.

Il faut que je fasse ici une prière à tous ceux qui veulent porter un jugement sur cette théorie, ou qui veulent communiquer leur jugement au public: *c'est de commencer par lire en entier ce traité, de le relire ensuite une seconde fois et avec attention.* Cette prière paroitra étrange et même superflue à bien des personnes;

mais j'ai été porté à la faire, par la maniere dont quelques individus en ont usé à l'égard de mon livre sur les *caracteres extérieures des fossiles.* On m'a fait souvent dire tout le contraire de ce que j'ai clairement et expressément dit; quelques personnes peuvent l'avoir fait à dessein, mais la plupart l'ont fait faute d'avoir lu tout l'ouvrage: de cette maniere on a induit le public en erreur, au moins pendant un certain tems.

La proposition, que les *espaces, qu'occupent les filons, sont des fentes, qui se sont faites dans la masse des montagnes,* est déja ancienne, elle a été donnée et adoptée par la plupart des géognostes; comme on le verra dans le chapitre de cet ouvrage, où je donne une histoire abrégée des anciennes théories des filons: je crois seulement avoir fixé d'une maniere plus positive les causes de la formation de ces fentes, et en avoir donné des preuves plus lumineuses qu'on ne l'avoit encore fait. Mais ce qui est entierement nouveau, et que je puis revendiquer comme ma propre invention c'est : *a)* d'avoir déterminé et décrit d'une maniere détaillée la structure intérieure des filons, ainsi que la formation des diverses masses qui les composent et particulierement d'avoir assigné le tems relatif de leur formation : *b)* d'avoir donné des observations plus exactes et des connaissances plus positives, sur les rencontres et intersections des filons et surtout d'avoir fait servir ces observations à fixer leur *âge rélatif :* *c)* d'avoir déterminés les différentes *formations de filons* et particulierement des filons métalliques ; ainsi que la suite de leur *âge : d)* d'avoir le premier eu l'idée, que les espaces qu'occupent les filons ont immédiadement été remplis par des précipitations, provenant de ces mêmes dissolutions, qui, dans le même tems, formoient, par d'autres précipitations, les couches des montagnes, et d'en avoir donné les preuves : *e)* d'avoir déterminé la différence qui se trouve entre la nature intérieure des filons, et celle des couches.

De plus, presque toutes les réfutations des objections contre la nouvelle théorie, ainsi que mes propres objections contre les anciennes, et la majeure partie des applications que j'ai faites de la mienne à l'exploitation des mines ; sont encore de mon invention. Je n'étendrai pas plus loin mes droits de propriété à plusieurs autres découvertes ; depuis dix-sept ans je traite publiquement des filons dans mes cours de Géognosie, ainsi que dans ceux de l'exploitation des mines : bien des personnes ont dans ces cours pris mes idées, delà, soit directement, soit indirectement, elles ont été communiquées au public ; de sorte qu'il me seroit aujourdhui bien difficile de les reclamer.

Dès ma première jeunesse j'ai commencé à rassembler en Lusace et en Silesie les observations, sur les quelles j'ai fondé ma théorie : mais la plus grande partie de ces observations, je les ai faites dans les montagnes de la Saxe appellées *Erzgebürge:* depuis 22 ans, que je suis établi dans ce pays, je suis descendu fréquemment dans l'intérieur des mines du district de Freiberg ainsi que de tous les autres. En outre, je me suis procuré d'autres connoissances par des voyages faits a différentes époques dans les montagnes de la Bohême, principalement à Joachimsthal, dans les montagnes de la Franconie, de la Hesse, de la Thuringe. Ma petite fortune, et la situation où je me suis trouvé jusqu'ici ne m'ont pas permis de faire des voyages dans des pays plus éloignés, quelques utiles que je les aie crus, et quelque désir que j'aie eu de les entreprendre. Malgré cela je ne crois pas, que l'on puisse me faire, au sujet de des observations que j'ai faites et rassemblées sur cette matiere et sur les quelles j'ai élevé l'édifice de ma théorie, le reproche de *n'avoir connu qu'un seul pays:* ce reproche m'a été déja fait une fois, quoiqu' à tort au sujet d'une autre matiere géognostique. Outre mes propres observations sur les filons, j'ai tiré un grand secours des renseignements qui m'ont été

fournis par les nombreux éleves, que j'ai
eu de presque toutes les parties de l'Europe;
ou de ceux que je me suis procuré à l'aide
d'une correspondance très étendue que
j'entretiens avec un très grand nombre de
Minéralogistes et de mineurs expérimentés :
ces renseignements ont confirmé la plupart
de mes propres observations. J'ai deplus
fait usage, quoiqu'avec précaution, des
observations que d'autres géognostes ont
fait en différents pays et que j'ai trouvées
dans leurs écrits. Enfin l'examen attentif
et scrupuleux des nombreux minéraux et
échantillons de filons, que j'ai dans mon
cabinet, ou que j'ai vu dans d'autres collections m'ont été d'un tres grand secours
pour ma théorie : car dans un morceau de
minéral, je ne me suis pas contenté pas d'y
voir, comme on fait ordinairement, quels
sont les divers fossiles qui le composent,
mais j'ai cherché encore à y reconnoitre
une certaine formation de filons métalliques, et j'ai taché d'y voir si ces divers
fossiles ont été formés en même-tems,

ou postérieurement ou antérieurement les uns aux autres.

Quoiqu'il y ait presque trente ans que je m'occupe à étudier la nature des filons, ainsi qu'à faire des recherches sur leur formation, et que depuis plus de six ans j'expose dans mes cours de Géognosie la même théorie que je donne et démontre dans ce traité : je n'ai cependant pu donner à sa rédaction tout le soin que j'aurais désiré : de là vient qu'il ne sera pas partout divisé et ordonné de la maniere la plus convenable. J'ai été obligé de le composer et rédiger dans un espace de trois mois et cela dans un tems, où j'ai, en outre, huit ou dix heures d'un travail, qni exige beaucoup de tension d'esprit : à mesure qu'une feuille étoit écrite, elle étoit de suite imprimée, en sorte qu'il m'étoit impossible de la revoir et corriger, et encore bien moins de revoir le tout.

Après avoir, en qualité d'auteur, rendu au public le compte, que je lui dois, de l'ouvrage que je lui présente ; je vais faire une priere à toutes les personnes qui s'intéressent sincèrement aux progrès de la Minéralogie et de la science des mines, c'est de vouloir bien me seconder et m'aider à étendre et perfectioner ma nouvelle théorie, à découvrir de nouvelles formations de filons, particulierement de filons métalliques; de m'envoyer tous les documents qui y seroient relatifs et de les accompagner de minéraux et échantillons. Parmi ces documents je comprends entr'autres choses; une description orictognostique et exacte des masses de filons; une notice positive des particularités remarquables que présentent certains filons les uns à l'égard des autres, en se joignant, en se coupant ou de toute autre maniere; des descriptions complettes de filons, des descriptions de dépots entiers de minérais, de districts de mines; des remarques sur des analogies et ressemblances que l'on voit entre certaines formations de filons, et celles des couches; la description de quelques phénomenes extraordinaires, qui pourroient servir à confirmer ou combattre ma théorie. Je ferai usage de toutes les pièces que l'on m'enverra à ce sujet. Je recevrai également avec plaisir, tout ce qui me sera addressé et qui aura pour objet de rectifier ou même de réfuter entièrementmes idées, pourvu toute fois que ce soit fait avec la décence convenable.

Je profite de cette occasion pour tirer quelques uns de mes amis d'une erreur qui m'a été préjudiciable à plusieurs égards et pourroit encore le devenir d'avantage. Ils se sont imaginés une chose singuliere qu'ils répandent même publiquement; ils disent, que je suis résolu à ne plus rien publier de mes nombreux et pénibles travaux en fait de Minéralogie, science des mines, fonderies, forges. Ils croient (je suis persuadé que c'est par la bonne opinion qu'ils ont de moi et de més travaux scientifiques) rendre un service essentiel aux sciences, en donnant au public le plutôt possible le résultat de mes observations et de mes travaux. Cela ne leur sera pas difficile: car, depuis que je suis professeur dans cette école, je fais tous mes cours de maniere que l'on peut en tenir note, et presque les écrire sous ma dictée. On a déja écrit de cette maniere plusieurs de mes cours; et, à mon grand déplaisir, l'on a fait de ces manuscripts un objet de spéculation mercantille, principalement dans l'étranger. Ces manuscripts sont la plupart défectueux, quoique dans le nombre il y en ait de meilleurs les uns que les autres. Je veux bien fermer les yeux sur le passé: Mais comme j'apprends qu'on est résolu de faire paroitre et imprimer non seulement la *partie préparative de mon orictognosie,* mais encore mon *traité sur les forges de fer,* je crois que je me dois à moi et aux sciences de desapprouver hautement une pareille entreprise. Car outre que parlà je me trouverois privé de ma propriété, en qualité d'auteur; des ouvrages publiés d'après ces manuscripts ne peuvent être que très défectueux et en quelque sorte mutilés. J'avertis donc ici que je suis occupé de la revision de mes ouvrages sur l'Orictognosie, la Géognosie, et autres sciences et que je les ferai incessamment paroitre les uns après les autres, augmentés de mes observations les plus récentes.

Freiberg le 20. Novembre 1791.

Abraham Gottlob Werner.

NOUVELLE THEORIE

DE LA FORMATION DES FILONS.

CHAPITRE PREMIER.

Des Filons en général.

§. I.

Notions préliminaires.

Pour une plus parfaite intelligence de ce que j'ai à dire sur la formation des filons, je crois qu'il est nécessaire de commencer par donner une notion succinte des filons en général, ainsi qu'une explication de quelques nouvelles expressions techniques que j'employe dans ce traité, et une histoire abregée des anciennes théories.

Je vais donner ici les définitions, l'histoire abrégée des théories sera la matière du second chapitre.

A

Commençons par définir ce que nous entendons par *filons*, et, parmi tous ces gîtes de minérais [1]) aux quels les mineurs donnent tantôt le nom de filons, tantôt divers autres noms, déterminons ceux qui sont de *vrais filons*, et ceux qui ne le sont pas.

---

[1]) Les *gîtes de minérais (Lagerstätte)* sont ces espaces souterrains dans les quels les minérais se sont formés et se trouvent. Les gîtes des minérais et des minéraux en général sont *généraux* ou *particuliers*. Les *gîtes généraux* sont ces grandes masses de roches dont l'ensemble forme la masse solide de notre globe. Les *gîtes particuliers* sont les parties des gîtes généraux (couches) ou ils sont renfermés dans ces gîtes (filons.) Il ne s'agit ici que des gîtes particuliers.

Dans cet ouvrage nous employons indistinctement les mots *minéraux et fossiles:* ils sont ici entièrement synonymes, et ils expriment *tous ces coups inorganiques qui forment la masse solide du globe et qui sont le domaine du règne minéral.* Par le mot *minérai* nous désignons les minéraux dans lesquels les substances métalliques entrent comme *parties constituantes essentielles*, qui sont doués d'une certaine pesanteur spécifique, d'un éclat métallique etc. Soit que ces substances se trouvent dans l'état métallique, ou, et c'est ce qui arrive le plus souvent, qu'elles soient mêlées avec d'autres matières métalliques, avec des acides etc. ou que combinées avec l'oxigène, le souffre, elles forment des oxides, des sulphures métalliques. (*Note du traducteur.*)

(5)

§. 2.

Définition des filons.

Les filons sont des gites particuliers de minéraux d'une forme plate, qui coupent *presque toujours* [2]) les strates des

---

2) Je dis *presque toujours*, car il y a quelques exceptions, c'est-a-dire des cas, où l'on ne peut pas dire que les filons coupent les strates de la roche: tels sont les suivants.

1. Lorsque les filons se trouvent dans une montagne qui n'est pas stratifiée, telles sont la plupart des montagnes de porphire, alors on ne peut pas dire qu'ils coupent les strates.

2. Lorsque de *vrais filons* (c'est-a-dire des fentes remplies) se trouvent entre deux roches d'une nature différente. Cela se voit auprès de Platen en Boheme et à Rothenberg non loin de Schwarzenberg on y trouve des filons entre le gneis et le granit.

3. Lorsque, les strates d'une montagne étant, presque verticales, deux parties de la montagne en s'écartant l'une de l'autre ont formé des intervalles vides entre les strates: si ces intervalles viennent à se remplir on aura de *vrais filons*, qui ne couperont point les strates de la montagne. Je n'ai pas encore vu une semblable particularité, mais elle peut très bien avoir lieu.

4. Lorsque les branches et ramifications d'un filon s'étendent dans les intervalles qui peuvent se trouver entre les strates d'une roche: c'est ce dont

montagnes, et sont remplis d'une matière minérale plus ou moins différente de celle qui constitue la roche.

Les strates 3) sont les parties de la roche, comprises entre des fentes ou fissures parallèles qui les separent les unes des autres: ces parties séparées ou strates sont donc des masses plates, de substance et nature homogènes, parallèles entr'elles et plus ou moins épais-

---

on voit un exemple intéressant dans l'endroit où le filon *Halsbrückner Spath* (près de Freyberg) paroit au jour auprès de *Alt - Isaac - Aufschlagwasser - Köpfen- Mündloch.* (Nouvelle note de l'auteur.)

3) Le mot *strate* est dérivé du mot latin *stratum*, que les géognostes françois rendent communément par *assises, couches:* voici la différence que nous mettons entre ces expressions. Les strates (en allemand *Schichten des Gesteins*) de la roche sont des assises de même nature: les *couches* (*Lager, Flötze*) sont de nature différente: par exemple, dans une montagne de gneis, les diverses assises de gneis sont les strates de la roche; une assise de calcaire primitif qui se trouveroit sur ou entre les assises de gneis seroit une *couche.* C'est Werner qui a introduit le mot français *strate.* Ce savant employe également le mot *Géognosie* au lieu de *Géologie:* l'un et l'autre sont composés de deux mots grecs qui signifient *terre* et *connoissance:* mais le mot λογος veut dire *connoissance* dans le sens le plus étendu: ainsi la Géologie comprend la Géographie, Géognosie etc. cette derniere est la *connoissance de la terre* (dans un sens abstrait.) *(Note du traducteur.)*

ses. Les montagnes et les roches ainsi divi-
sées, se nomment roches *stratifiées* (*ge-
schichtete*): toutes les montagnes et roches
ne sont pas stratifiées.

Des différences dans la position, la direction et l'épaisseur des strates proviennent les
différences dans la *stratification*, (*Schich-
tung*,) qui doit être distingué de la *superposition* (*Lagerung*) des roches; par celle-ci
on entend l'ordre dans le quel les diverses
especès de roches, dont l'ensemble forme la
partie solide du globe, sont placées les unes
à l'égard des autres: il ne faut pas non plus
confondre la *stratification* avec *la texture*
des roches, quoi qu'elles aient de grands rapports, principalement dans les roches schif-
teuses, la direction des strates et des feuillets y étant la même.

On définiroit encore plus exactement
les filons en disant: Les filons sont des fentes, qui se sont faites dans les montagnes
et qui ont été ensuite remplies de diverses
substances minérales, dont la nature est
plus ou moins différente de celle de la
roche. [4]

---

4) Je n'ajoute ici cette autre définition que pour éclaircir la premiere: car, tout en déterminant la forma-

§. 3.

Différence entre les filons et les autres gîtes de minérais.

Les filons, avons nous dit, coupent les strates des roches, et ont une direction différente de la leur. Les autres gîtes de minérais, (tels sont quelques *strates particulieres, les couches, assises, lits,* quelle que soit d'ailleurs leur epaisseur) ont au contraire la même direction que les autres strates de la montagne, et, au lieu de les couper, ils leur sont paralleles : telle est la différence caracteristique. ⁵) Les Suedois appellent Gångar tous les gîtes de minérais ; quand aux filons proprement dits ils les nomment Skiölar.

---

tion des filons elle met sous les yeux, d'une manière frappante, leur *caractere distinctif.* Je n'ai pas voulu la donner d'abord comme définition, par ce qu'elle pose en fait une formation qui doit être démontrée dans le cours de ce traité : cette formation une fois prouvée, on est fondé à se servir de cette seconde définition.

5) Nous employons indistinctement les mots *montagnes* et *roches* et rendons ainsi ce que les Allemands appellent *Gebirgsarten.* De même dans le cours de la traduction nous avons souvent confondu les mots *strates* et *couches.*

(7)

§. 4.

Des Stockwerke.

Les *Stockwerke* dans la signification actuelle du mot (car autrefois on entendoit parlà un excavation faite dans l'intérieur des mines) sont des parties plus ou moins étendues de roches, qui sont pénétrées et traversées en toutes sortes de directions par une quantité presque innombrable de petits filons on veines.

§. 5.

Termes nouveaux.

Je suppose que mes lecteurs connoissent les termes techniques, dont on se sert en traitant des filons, et qu'ils ont une connoissance de ce qu'on appelle la grandeur, position, structure d'un filon. [6] Je vais expliquer ici quelques nouvelles expressions techniques que la nouveauté de ma théorie à rendues nécessaires.

---

[6] Ces connoissances préliminaires que je suppose, sur les filons, on les trouvera dans plusieurs ouvrages sur l'exploitation des mines : et à ce sujet l'on n'a rien de mieux que le *Bericht von Bergbau* (4 Freyberg 1769.) premiere section §. 29. jusqu'au §. 82.

J'appelle une *formation de filons* ou simplement une *formation,* *tous les filons d'une seule et même origine* (qui ont été formés à une même époque) soit qu'on les trouve rapprochés les unes des autres dans le même pays, ou qu'on les trouve dans des pays différents et eloignés : c'est ainsi que je dis la formation de galène, la formation de spath pesant ou fluor, la formation de mine d'argent rouge ou grise.

Lorsque *plusieurs filons d'une même formation se trouvent ensemble dans une même contrée* ils forment ce que j'appelle un *dépot de filons,* je le désigne par le nom de la *contrée,* dans laquelle il se trouve, et par l'espece principale du *minérai* ou *du fossile* qu'il contient. C'est ainsi que je dis le dépot d'étain d'Altenberg ; le dépot de galène, *fahlerz,* et blende jaune de Scharfenberg.

Enfin je nomme *district de mines* un assemblage de plusieurs dépots de minérais, qui se trouvent ensemble dans une même contrée, et qui ordinairement enjambent les uns dans les autres. Je désigne un pareil district par le nom du lieu où il se trouve, ainsi je dis *le district de mines de Freyberg.*

Passons actuellement à l'histoire des théories que l'on a données jusqu'ici sur les filons.

CHAPITRE SECOND.

Histoire abrégée des différentes Théories sur la Formation des Filons.

§. 6.

Prémieres idées principalement de Diodore de Sicile et de Pline sur les filons.

Dans les auteurs classiques grecs et latins, qui traitent des mines et des fossiles, on trouve très peu de chose sur les filons. Quelques passages, que je vais citer, prouvent cependant qu'on les connoissoit alors.

Il n'y a pas de doute qu'ils ne fussent connus long-tems auparavant, et certainement ils l'ont été du moment que l'on a
commencé à exploiter des mines. Mais il
n'est pas vraissemblable, que dans ce tems
on ait distingué les filons des autres gîtes
de minérais, et qu'on ait cherché à expliquer leur formation; du moins cela nous
est inconnu.

Diodore de Sicile, au commencement
du passage où il parle des fameuses mines
d'or d'Egypte, dit: „Les montagnes de ce
„pays sont noirâtres, elles sont traversées
„par des veines d'une pierre blanche, qui
„surpasse tout par son éclat; c'est de cette
„pierre que les inspecteurs des mines font
„extraire l'or.“ [7]) Plus loin en traitant

---

[7]) Τῆς γὰρ γῆς μελαίνης οὔσης τῇ φύσει καὶ διαφυὰς καὶ
φλέβας ἐχούσης μαρμάρου τῇ λευκότητι διαφερούσας,
καὶ πάσας τὰς περιλαμπομένας φύσεις ὑπερβαλλούσας
τῇ λαμπρότητι, οἱ προσεδρεύοντες τοῖς μεταλλικοῖς ἔρ-
γοις τῷ πλήθει, τῶν ἐργαζομένων κατασκευάζουσι τὸν
χρυσὸν. (Diodori Siculi bibliothecae historicae lib.
XV. per Laurent. Rhodomannum. Hanov. 1604.
Fol, p. 150.)

de la richesse des mines d'or et d'argent
de l'Espagne il dit: „les montagnes y
sont traversées par plusieurs veines métalliques." [8]

Pline, parlant de la manière, dont
l'or se trouve dans les montagnes dit:
„les veines d'or courent ça et là dans la ro-
„che et traversent les parois des puits." [9]

La montagne noire, dont parle Diodore est suivant toute apparence une espece d'ardoise, et le mar-
bre blanc du quarts ou une espece de spath, mais
vraisemblablement du quarts.

8) Πᾶσα γὰρ ἡ σύνεγγις διαπέπλεκται πολυμερῶς τοῖς
ἑλιγμοῖς τῶν γαρ ραβδων. (ibid. p. 313.)

Les mots διαπέπλεκται πολυμερῶς et διαφέρουσας,
qui se trouvent dans le premier passage, montrent
que les gîtes mentionés des mines d'or et d'argent
traversoient fréquemment et dans toutes les directions
la masse de roche en question et étoient par conséquent de vrais filons.

9) *Vagantur hi venarum canales per latera puteorum;
et huc illuc* (Caj. Plinii secundi Historiae naturalis
libri XXXVII. quos interpret. et not. illustravit Jo.
Harduinus. Parisiis 1723. Tom. II. p. 617.)

Sous le nom de *canales* il faut entendre non des
galeries, qui en latin se nomment *cuniculi* et *cryptae*,
mais les filons eux mêmes: c'est dans ce sens qu'
Agricola a pris ce mot: aussi nommoit-on alors *au-*

§. 7.

Idées d'Agricola.

Agricola [10]) est le premier des modernes, qui ait écrit sur les filons, et il l'a fait d'une maniere très détaillée.   Il en parle

---

rum canalicium, l'or qu'on retiroit des filons pour le distinguer de celui que l'on obtient par la methode des lavages, et dont Pline parle peu auparavant.

Le mot *vagari* désigne que les gîtes, dont parle Pline, s'étendoient en toutes sortes de sens, et que par conséquent c'étoient de vrais filons.

Dans l'édition de Dalecamp, il y a *hi* venarum canales *per marmor* vagantur et latera puteorum et huc illuc.

Pline écrivoit son ouvrage environ vers l'an 100.

10) George Agricola (son vrai nom est *Bauer*) nâquit en 1494 à Glaucha en Saxe dans le *Erzgebirge*. Il exerça la médécine à Joachimsthal, ensuite à Chemnitz, où il mourut en 1555.   C'est le père de la minéralogie et de la science des mines.   Aux connoissances les plus profondes dans ces sciences il joignoit une rare érudition classique.   Il avoit une latinité si pure, que ses ouvrages, n'eussent-ils que ce seul mérite, mériteroient d'occuper une place parmi ceux des auteurs classiques.   Presque tous ses écrits ont été imprimés à Basle en deux volumes in folio. On conservera sa mémoire avec autant de vénération dans les sciences qu'il a cultivées, que l'on conserve celle de Pline dans l'histoire naturelle, et celle d'Aristote dans la philosophie.

en plusieurs endroits et cherche non seulement à les définir et à les décrire, mais encore à expliquer leur formation. Dans tout ce qu'il a écrit sur cette matiere difficile il laisse loin derriere lui, non seulement tous ses prédécesseures, mais encore tous ceux qui un siècle après lui ont écrit sur cet objet. Il n'a cependant pas connu la différence qu'il y a entre les véritables filons et les autres gîtes de minérais, qui leur ressemblent. Il traite de la grandeur, de la position, de la rencontre de plusieurs filons dans le 24. chapitre de son *Bermanus,* et encore plus en détail dans le troisième livre de son grand ouvrage *de re metallica.*

Pour la formation des filons il en traite dans le troisième chapitre du troisième livre de son ouvrage *de ortu et causis subterraneorum.*[11]) Il pense, que les fentes et fissures dans lesquelles nous trouvons

---

11) Ce traité ainsi que plusieurs autres écrits d'Agricola, entr'autres son *Bermannus,* sont rassemblés

les filons se sont formées, en partie en
même tems que les montagnes, en partie
aprés, par le moyen de l'eau qui y a pénétré; en sorte que là, où il s'est trouvé une
grande quantetée d'eau et où la pierre étoit
molle, il s'est fait de grandes fentes; dans

---

dans un seul volume, qui porte le titre suivant:
Georgii Agricolae.

De ortu et causis subterraneorum - *libri V.*

De naturâ eorum quae effluunt ex terrâ *libri IV.*

De naturâ fossilium   -   *libri X.*

De veteribus et novis metallis - *libri II.*

Bermannus, sive de re metallica dialogus.

Interpretatio germanica vocum rei metallicae. ad-
dito indice, foecundissimo.

Basileae, 1546. fol. Voici les passages de cet
ouvrage, qui ont rapport au sujet présent: „Sed
„commissuras saxorum duobus modis fieri intelligi-
„mus: Uno, qui proprius ipsarum est, cum saxa
„gignuntur: tum enim materiam tenacem calor co-
„quit in lapidem at non lenta, similiter cocta exha-
„lat humorem efficiturque terra plerumque friabilis.
„Altero, qui cummunis ipsis est cum fibris et venis,
„cum aqua in unum locum colligitur. Ea enim
„saxa mollit suo liquore, sua gravitate et pondere
„perrumpit et dividit: Quod si dura fuerint, efficit
„commissuras saxorum et fibras: Sin non nimis dura,

les cas contraires les fentes ont été plus petites. Quand aux terres et pierres que l'on
trouve dans les filons, il pense que les premières sont des particules détachées de la
roche, et conduites dans les filons par les
eaux;¹²) et que les pierres ne sont que ces

,, venas. " Agricola nomme les fentes *commissuras*,
les filons étroits et les ramifications des filons *fibras*,
les filons plus puissants *venas*, et tous ensemble *terrae canales*. Car il dit dès le commencement de ce
chapitre. ,, Venio nunc ad terrae canales, hoc est,
,, venas, fibras et quas commissuras saxorum vocant;
,, quae quidem vasa sunt aut receptacula materiae ex
,, quâ res fossiles formantur. "

Ce même auteur parle ainsi, dans ce même chapitre, au sujet de la formation des filons. ,, Impe-
,, tus aquarum saxa in quoque loco fragilia commi-
,, nuit et diffindit. Igitur per ea fracta et diffissa per-
,, meat et transit modo in profundum, fibrasque vel
,, venas facit profundas: tum autem in latum, quo
,, modo dilatatae fiunt.

Par la fin de ce passage on voit qu'Agricola com-
prenoit les couches (*Flötze*) ainsi que les gîtes de
minérais sous le nom de filons.

12) Il manifeste cette opinion principalement dans le
livre que nous avons cité, par les deux passages que
voici lib. III. cap. IV. ,, Terra pura, sive simplex in
,, canalibus hoc modo gignitur. Aqua pluvia, quam
,, summum terrae imbibit, primo per ejusdem terrae
,, interiora permeat et transit, cumque ipsâ miscetur:

mêmes terres, qui ont été durcies en partie
par les effets de la chaleur et du froid, et en
partie par un suc pierreux.[13]) Il régarde les

,, deinde undique colligitur in fibras et venas. " Plus
loin il ajoute —— ,, Aqua autem sic mista in unum
,, aliquem canalis alveum confluit, vel in angustias
,,abducta percolatur: quomodo materia pura et aequa-
,,lis subsidet; aqua vero defluit et delabitur. Ex quâ
,,sane materiâ oritur terra, de quâ nunc loquimur."

13) C'est ce que dit l'auteur dans les passages suivants
de l'ouvrage cité. lib. IV. cap. IV. ,, Albertus Ara-
,,bem (id est) Avincennam secutus scribit, materiam
,,lapidum esse speciem quandam terrae aut aquae:
,, id est, duo haec, terram dico et aquam, sic in-
,,ter se mista, ut modo hoc, modo illud vincat al-
,,terum mole. Uterque (scilicet eorum) autem
,, quod ita sensit, ratione fecit. Nam non fit lapis
,,ex purâ neque terrà, neque aquâ: quod solam
,, terram prae siccitate ejus non coagmentet ac con-
,,glutinet calor, sed dissolvat magis faciatque pulve-
,,rem. Aqua vero simplex congelascit quidem fri-
,, gore, sed modicus tepor eam resolvit. " Plus loin
il dit: ,, Humor vero vicissim congregationis conjun-
,,ctionisque partium rei siccae, quoddam quasi vin-
,,culum est. "

Ensuitte, cap V. ,, Itaque si permistio abunda-
,,verit terrà, dicitur lutum: sin aquâ, succus. Ni-
,,hil enim aliud est lutum, quam terra, quae per-
,,maduerit aquâ, ut superiori libro explicavi: nec
,,succus aliud quiddam est, quam aquâ, quae con-
,,tra sorbuerit terram, vel corroserit tetigeritque me-
,,tallum, quodam modo concocta ut item supra dixi.
,,Sed ex luto tenaci potissimum fit lapis. "

minérais et les métaux comme provenant d'une dissolution, dans laquelle les terres et l'eau se sont intimement combinées, et mêlées en de certaines proportions: ces minérais ont d'abord été convertis par la chaleur en une espèce de suc ou dissolution, qui a été ensuite durcie par le froid. Agricola croit au reste que les métaux parfaits proviennent d'une dissolution plus intime. [14])

Enfin cap. XI. ,,Igitur proximae (scilicet causae) ,,sunt calor et frigus: deinde quodammodo succus ,,lapidescens. Nam lapides, quos aqua humectando ,,dissolvit, eos calorem exsiccando compegisse intelli- ,,gimus. Contra vero qui calore ignis liquescunt, ut ,,silices, eos frigore concrevisse.''

14) Il traite de la formation des métaux dans le passage suivant: lib. V. cap. VII. ,,In materiâ ipsorum (scilicet metallorum) ,,inesse aquam, argumentum ,,est maximum, quod ignis calore soluta fluunt: ,,frigore aeris, vel aquae, rursus densentur. Hoc ta- ,,men sic accipiendum, quod aquae plus in ipsis sit, ,,terrae minus: simplex enim aqua non est eorum ,,materia, sed mista cum terrâ. Atque terrae quidem ,,portio tanta in mistura inest, quanta aquae perspi- ,,cuitatem obscuret, fulgorem non auferat. Quin ,,etiam mistura quo purior fuerit, eo preciosius ex ea ,,fit metallum, magisque tolerans ignium. Sed quota ,,terrae portio in quoquo humore. ex quo efficitur me- ,,tallum, eâ fit metallum, insit, nemo mortalium un- ,,quam mente cernere potest, nedum explicare.''

Agricola est ainsi le premier, qui ait écrit quelque chose de solide sur la formation des filons et des matières qu'ils contiennent: mais la chimie et la physique étoient alors si peu avancées, qu'il n'est pas étonnant qu'il se soit écarté de la vraie nature des choses. Malgre cela sa théorie sur la manière, dont les filons ont été remplies, a été conservée, à quelques petites modifications près, et elle est encore reçue par plusieurs savants, ainsi que nous le verrons dans la suite de ce chapître. Au reste ce savant rejettoit l'opinion généralement admise de son tems, et engendrée par les rêves des astrologues, savoir que les planètes exerçoient une influence dans la formation des métaux. Il regarde également, comme contradictoire à tous les faits, l'opinion de ceux qui croient que les filons, tels que nous les voyons aujourd'hui, ont été créés en même tems que notre globe. Agricola appelle cette opinion celle de *l'homme du peuple.*

§. 8.

Idées de Utman d'Elterlein, Meier, Löhneis.

Je passe entierement sous silence ce que Utman d'Elterlein, Meier, Löhneis, Barba et plusieurs autres écrivains postérieurs à Agricola ont écrit sur les filons. Ce qu'ils en disent est trop peu intéressant pour que j'en fasse mention. Ils attribuent la richesse ou stérilité des filons en partie à la position des montagnes par rapport au soleil, et en partie à l'influence des astres.

§. 9.

Opinion de Rösler.

Après Agricola, Balthasar Rösler est le premier, qui mérite d'être cité. Il *semble* croire que les filons ont d'abord été des fentes, qui se sont ensuite remplies : car il dit pag. 2. de son *Speculum metallurgiae* [15]) au commencement du chapitre sur les filons et les fentes : §. 1. „Une fente

---

15) *Speculum metallurgiae politissimum.* Fol. Dresden 1700.

„ est une crevasse ou fissure, qui divise, et
„ coupe le rocher, et qui est semblable à
„ celles, que l'on voit dans un vase fendu et
„ par lesquelles l eau s'enfuit: de ces fen-
„ tes les unes sont longues et larges, les
„ autres courtes et étroites. "

§. 2. „ Un filon divise et coupe égale-
„ ment la roche dans une certaine direction
„ et inclinaison, mais sa largeur varie. "

Plus loin §. 9. „ Ce qui constitue le
„ filon en lui même, ce que le filon ren-
„ ferme et qui forme sa largeur, est ou la
„ matière dans la quelle on trouve le miné-
„ rai, ou le minérai metallique, ou une
„ espece de limon, du quartz, spath
„ etc. "

§. 12. „ La roche renferme quelque

Rösler étoit d'abord ingénieur et greffier des mines à Freyberg: il devint ensuitte *Bergmeister* à Altenberg où il mourut en 1673. Dans les dernières
années de sa vie, il a écrit le livre instructif, qui
vient d'être cité, et qui n'a été imprimé que vingt
ans après sa mort.

„fois des druses; ce sont des cavités creu-
„ses, rondes, oblongues, petites ou gran-
„des qui se trouvent ordinairement dans
„les filons. Quelque fois les filons sont
„tous remplis de druses, c'est ce qui fait
„dire que les filons sont ouverts; on dit
„qu'un filon est fermé lorsqu'il est entière-
„ment massif, soit que la masse soit com-
„posée de substances pierreuses, ou de
„substances métalliques. Il arrive souvent
„que les druses sont elles mêmes fermées
„et remplies de limon on d'autres matiè-
„res; alors le filon est fermé, quoiqu'il
„contienne des druses."

Il paroit par tout cela que Roesler regarde les fentes et les filons, comme ayant
la même origine: les premières sont des
espaces ouverts et vides; les seconds sont
ces mêmes espaces entièrement ou presqu'entièrement remplis. Au reste Roesler
ne s'explique ni sur les causes, qui ont
produit les fentes, ni sur la manière dont
elles ont été remplies.

§. 10.

Opinion de Becher.

Becher, dans sa *Physica subterranea*, [16]) attribue la formation des métaux et des minérais à des exhalaisons souterraines, qui, s'élevant de l'intérieur de la terre, pénétrent dans les filons, y exercent leur action sur les terres et pierres, qu'elles y trouvent propres à une transmutation. Il regarde le globe comme un corps creux, rempli de limon et d'eaux sulphureuses et bitumineuses; et c'est de cet immense réservoir que s'élevent les exhalaisons, qui doivent former les métaux. Au reste je ne trouve, dans les écrits de Becher, aucune explication sur l'origine des espaces, qu'occupent les filons, ni sur celle des substances, qui en composent la masse.

---

16) Jo. Joachim Becheri Physica subterranea. Editio novissima cum praefatione praemissa, indice adornato et specimine Becheriano subjecto a G. C. Stahlio. Lipsiae 1703. La premiere édition de cet ouvrage parut à Francfort sur le Main en 1669.

§. 11.

Opinion de Stahl.

Stahl, ce grand médecin, chimiste allemand et commentateur de Becher, parle de la formation des filons et des métaux dans plusieurs endroits de ses ouvrages. Dans son *Specimen Becherianum* il dit: qu'une des opinions les plus vraissemblables, c'est que, dès les premiers tems de l'éxistence de notre globe, il s'est formé des fentes considérables; que ces fentes ont été ensuite remplies par le déluge d'une espèse de limon ou d'argille molle, et qu'ensuite les exhalaisons, qui se sont élevées du milieu du globe, ont pénétré ce limon et l'ont converti en minérai. Mais il avoue que cette hypothese (vers la quelle, dit-il, Becher inclinoit) est sujette à bien des difficultés, lorsqu'on veut en faire des applications; et que la nature la contredit souvent, de sorte qu'il finit par la rejetter, et il regarde les filons, ainsi que les minérais, qu'ils contiennent, comme ayant été créés en même tems que le globe, et parconséquent, comme étant aussi anciens que les montagnes. Cependant il convient que quelque fois l'action de l'air et d'autres causes peuvent avoir produit quelques dissolutions et changements.

Stahl avoit déja exposé cette opinion dans son traité *de ortu venarum metalliferarum:* il l'a reproduit dans le livre que nous venons de citer.

§. 12.

Opinion de Henkel.

Henkel [17]) est le premier qui ait attribué la formation des minérais, que l'on

---

17) Jean Frederic Henkel naquit à Merseburg en 1679. il exerça la médecine à Freyberg, devint conseiller des mines de l'Electeur de Saxe, Roi de Pologne. Il enseigna avec le plus grand succès la chimie et la minéralogie, et mourut à Freyberg en 1744. C'est le père de la minéralogie - chimique. Les étrangers, principalement les Suédois accouroient à ses leçons. Ses écrits ont été reçues avec une approbation générale, on en a beaucoup profité, quoiqu'on ne les cite pas autant qu'ils le méritent. Henkel étoit grand travailleur, observateur infatigable et plein de sagacité; mais son stile est mauvais, diffus, trainant, et montre une certaine affectation d'esprit,

trouve dans les filons, aux exhalaisons produites et engendrées par ces fermentations,
qu'il suppose exister dans l'intérieur des
roches. Il croit de plus que les bases des
métaux et des minérais existent dans la
roche, que la nature les y prend, et qu'à
l'aide de la dissolution la plus parfaite, elle
en forme les métaux. Il ne détermine pas
ces bases d'une manière particuliere; cependant dans un passage d'un de ses ouvrages, il parle de terres subtiles, et dans
un autre de parties mercurielles, sulphureuses et arsénicales. Il se peut cependant
qu'il regarde ces trois dernières substances comme parties constituantes, et parconséquent comme composées. L'air,
l'eau et le feu lui paroissoient être les dissolvants, dont la nature se sert pour former les métaux. Il suppose d'ailleurs l'e-
xistence de certaines espèces de terres ou
de pierres, qui servent comme de *matrices* aux métaux, et qu'il regarde comme
absolument nécessaires à la formation
des minérais.

Il expose en détail cette théorie, qui a été depuis adoptée par beaucoup de Minéralogistes, non seulement dans la *Pyritologie*, [18]) mais encore dans son traité *de appropriatione.* [19])

§. 13.

Opinion de Hofman.

Hofman dans sa dissertation *de matricibus metallorum* (ouvrage écrit avec soin, plein d'observations exactes, mais beaucoup moins lû qu'il ne mérite.) [20])

---

18) D. Joh. Fr. Henkels *Pyritologia oder Kieshistorie.* Leipzig 1725. Une seconde edition de cet ouvrage parut 1754, L'auteur traite de la formation des minérais dans tout le chapitre 13. qui est intitulé : *des parties primitives des pyrites.* Les passages principaux sont dans la premiere édition p. 731. 737. 738. 742. 744 — 747.

19) Mediorum Chymicorum non ultimum conjunctionis primum appropriatio etc. invenit et exposuit D. J. F. Henkel, Dresdae et Lipsiae 1727.

20) Hoffman étoit né à Leipsic, en 1741 il devint assesseur au conseil des mines de Freyberg : après la mort de Henkel, il donna des leçons publiques de chimie et de métallurgie ; il obtint en 1746 le titre de conseiller des mines et passa ensuite au service du Roi de Naples, où il mourut.

suppose également, que les filons ont été formés dans les fentes des montagnes ; cependant il n'en parle que comme d'une simple hypothèse. Voici comme il s'exprime :
„Ponamus itaque venam esse non nisi la-
„pidum fissuram, ponamus eandem esse
„cavernosam, certe ubi metallum intra ve-
„nam produci debet, cortices profecto
„erunt matrices metallorum. Jam vero
„ante omnis metalli generationem, cun-
„ctae probabiliter, erant hiantes venae,
„suo saltem cortice instructae, minimum
„hinc et inde varii generis saxo et interve-
„niente fissurâ, occupatae : ergo cortices
„venarum aut intra venas existentes lapi-
„des, proprie loquendo, universales me-
„tallorum erunt matrices.“

§. 14.
Opinion de Zimmerman.

Zimmerman [21]) dans la seconde partie de son ouvrage intitulé : *obersächsische*

---

[21]) Zimmerman étoit natif de Dresde où il passa sa vie : il étoit éleve de Henkel, dont il publia les écrits,

Bergakademie, (p. 105.) est le premier minéralogiste, qui regarde les filons ainsi que les minérais comme produits par une simple transformation de la substance de la roche. Voici comme il s'exprime: ,,Les ,,minéraux sont réellement engendrés dans ,,la roche: mais l'expérience journalière ,,prouve que la roche seule et prise en ,,elle même ne suffit pas pour produire le ,,métal; Car si à l'aide des principes mi-,,néralisans elle pouvoit être transfor-,,mée en minérai, nous verrions des mon-,,tagnes entieres subir cette transforma-,,tion. Cela n'a lieu au contraire que ,,dans des parties, qui suivent de certai-,,nes directions, et qui étant ainsi trans-,,formés, forment les filons. Ces filons, ,,quand même ils ne seroient point encore ,,transmutés ou qu'ils ne contiendroient ,,pas réellement des minérais, sont d'une

---

il cultiva principalement la chimie et la minéralogie, et peu de tems avant sa mort, qui arriva en 1747, il avoit été nommé commissaire du grand conseil des mines.

„nature différente de celle du reste de la
„roche. Si nous les examinons avec at-
„tention nous verrons, qu'ils présentent
„une espèce de pierre décomposée et fria-
„ble, qui paroit vouloir redevenir terre:
„d'où nous pouvons conclure, que ces
„filons etoient autrefois absolument de
„même nature que la roche, mais que
„quelque substance saline ayant pénétré
„dans ses fentes ou fissures, en aura al-
„teré et decomposé le tissu, et l'aura ren-
„due propre à être transformée en miné-
„rai. Ainsi les substances salines servent
„à préparer, subtiliser les terres, qui doi-
„vent servir de matrices aux minérais.
„Ces mêmes substances salines concou-
„rent également à la formation même des
„métaux: c'est ce dont nous ne doute-
„rons plus, si nous admettons, ainsi que
„l'expérience nous l'apprend, que tout
„minérai est un corps mixte composé de
„métal, de terre et d'un acide. "

§. 15.

Notions sur les filons tirées de la Géométrie souterraine de Mr. d'Oppel, autrefois chef du conseil des mines de la Saxe.

C'est sans contredit dans les écrits de Mr. d'Oppel, que l'on trouve ce qu'on a encore écrit de plus intéressant sur les filons. Il admet positivement et sans restriction la proposition : *que les filons ont été autrefois des fentes ouvertes dans leur partie supérieure.* Voici ce qu'il dit, dans *l'introduction de sa Géométrie souterraine :* (Dresde 1749.)

Définition.

§. 538. „On appelle *Kluft* une cre„vasse ou une fente dans le rocher et qui „est vide.“

Rémarque.

§. 539. „Les *Klüfte* sont ordinaire„ment fort étroites, ce qui fait que l'on „dit souvent, qu'une *Kluft* est une sim„ple fissure ou fêlure dans le rocher.“

Définition.

§. 540. „Un filon est au contraire une

„fente d'une grande étendue dans une
„montagne, il divise et coupe le rocher,
„et est rempli d'une matière différente de
„celle qui constitue celui-ci.“

Note.

§. 541. „Ni les fentes ni les filons ne
„suivent la direction des strates de la
„montagne: ils peuvent les traverser et
„couper.“

Définition.

§. 542. „La substance minérale, qui
„remplit les fentes d'un rocher, et qui
„est toujours d'une nature différente de
„celle du rocher, se nomme *masse du*
„*filon,*“ (en allemand *Gangart.*)

D'Oppel a le premier, dans l'ouvrage
que nous avons cité, établi la différence
essentielle qu'il y a entre les couches
(*flötze*) et les filons.

Il établit le caractere distinctif des
filons dans le §. 541. que nous venons de
citer, en disant, que les filons traversent
et coupent les couches des montagnes.

Voici ce qu'il dit des *flötz* dans les trois paragraphes suivants.

Définition.

§. 551. „Un *flötz* est une *couche* de „minéraux; dont la substance est diffé- „rente, au moins en partie, de celle des „autres couches et assises de la même „montagne.“

§. 553. „Un flötz a la même assiette „ou direction que les autres couches de „la même montagne.“

Remarque.

„Je ne fais aucune difficulté de don- „ner également le nom de flötz aux cou- „ches minérales, qui se trouveroient dans „une montagne dont les strates sont ver- „ticales, ou presque verticales, mais qui „auroient les propriétés que nous venons „de remarquer; savoir d'être d'une sub- „stance hétérogène à celles des autres cou- „ches, mais d'avoir la même inclinaison „et position qu'elles.“

Je ne puis m'empecher de citer encore

un passage de l'ouvrage de cet auteur dont la mémoire est et sera à jamais chère à tous les mineurs saxons, ainsi qu'à tous les mineurs instruits; elle sera pour eux un objet de venération, tout comme ses écrits seront un monument éternel de la clarté, de la sagacité de son esprit et de l'étendue de ses connoissances. Il s'agit d'un passage dans le quel il parle de l'utilité des recherches sur la nature et la formation des filons; ce passage est une donnée pour l'histoire de cette théorie; il prouve quel cas, dans ce tems, des mineurs profonds et zélés pour les progrès de l'exploitation des mines faisoient de l'étude de la theorie des filons, et combien ils souhaitoient, que l'on répandit quelques lumières sur un objet si compliqué et qui tient de si près à la pratique. „La recherche des causes," dit-il, „qui „ont produit les fentes dans le sein de la „terre, la recherche de la manière dont „elles ont été remplies, ne sont point des „objets d'une simple curiosité, mais ils

„sont dignes de toute l'attention du natu-
„raliste. L'étude de ces objets est sans
„contredit une des principales, des plus
„utiles et des plus avantageuses de la
„science des filons, des fentes et de toute la
„minéralogie : et c'est peut-être une de
„celles dont on s'est le moins sérieusement
„occupé jusqu'ici."

§. 16.

Opinion de Lehman.

Avant de parler de ce que le même auteur a écrit, dans un second ouvrage, d'a-
près les mêmes principes, quoique d'une
manière plus détaillée et plus positive sur
les filons, je vais faire mention de l'opinion de quelques minéralogistes, qui dans
des tems antérieurs ont écrit sur leur nature.
Le premier, dont je vais parler, est *Leh-*
man. Son traité des *matrices des mé-*
taux,[22]) étant en grande partie la traduc-

---

22) *D. Joh. Gottl. Lehmans Abhandlung von den Me-*
tallmüttern und der Erzeugung der Metalle. Berlin
1753.

tion de l'ouvrage de Hoffman sur le même sujet, il y a conservé ce que cet auteur avoit écrit sur la nature et la formation des filons: il y ajoute cependant ensuite sa propre opinion remarquable à cause de sa singularité.

Il commence par dire: (pag. 178.) „On appelle *Klüfte*, les fentes vides qui „se trouvent dans les montagnes, et qui „y ont été produites par une *scission* de la „roche: et les filons ne sont à mon avis „autre chose que ces mêmes fentes, que „la nature a remplies de pierres, minérais, „métaux, limons, en un mot de substan- „ces, qui sont d'une nature sensiblement „différente de celle de la roche."

Plus loin il dit: „Les filons que nous „voyons dans les mines ne sont, je crois, „autre chose que les *branches et les re-* „*jettons d'un énorme tronc, placé dans* „*le sein de la terre et vraissembla-* „*blement à une grande profondeur;* „c'est à cause de cette profondeur que „nous n'avons encore pu atteindre le

„ tronc. Les filons puissans en sont les
„ branches principales, les veines et filets
„ en sont les rameaux. Ce que je dis ici
„ ne doit point paroitre incroyable, si l'on
„ vient à refléchir, que, d'après toutes les
„ observations, la nature tient dans le sein
„ du globe son attelier et sa fabrique de
„ métaux; que de tems immémorial elle y
„ en travaille et élabore les parties primiti-
„ ves; que ces parties s'élevent ensuite
„ sous la forme de vapeurs et d'exhalaisons
„ jusqu'à la surface du globe, par le moyen
„ des fentes, à peu près comme la sève
„ s'éleve et circule dans les végetaux à
„ l'aide des vaisseaux et des fibres qui les
„ composent. "

Cette explication sur l'origine et la formation des métaux est depuis long-tems
oubliée; je ne crois point qu'elle ait été
adopté par aucun auteur.

§. 17.

Ce que dit Wallerius au sujet des filons
dans ses *Elementa metallurgiae chemi-*

cae est plus intéressant, quoique cependant la maniere dont ce minéralogiste, ainsi qu'un autre minéralogiste suédois, s'exprime, prouve que les savants de cette nation n'ont pas encore des idées exactes sur la nature des vrais filons. Wallerius dit dans le 6. §. du chap. 3. *(de venis métallicis)* pag. 66 et 67. „Venae metallicae exten-
„sae sunt tractus subterranei in montibus
„inclusi, ad diversas plagas et diversam
„profunditatem, recta vel obliquâ aut
„flexâ viâ extensi, in quibus minerae me-
„tallicae generatae reperiuntur. “

Obs. 1. „Interstitia quae intra parietes
„montis fissi aut fracti reperiuntur, et a
„montis fissurâ vel fracturâ dependent,
„fissurae appellantur. Si hujus modi fissu-
„rae terra quadam, vel lapide aut minerâ,
„fuerint impletae, tum generaliter etiam
„illae appellantur venae. Hoc latiori
„sensu, vena est materia fossilis in monti-
„bus obvia, in longum extensa, a circum-
„ambiente lapide et saxo diversa. In se-
„quentibus vero demonstrabimus, saltem

„non omnes venas ut a montium fissurâ
„et fracturâ dependentes esse consideran-
„das, adeoque inter fissuras et venas dari
„omnino aliquam differentiam."

Plus loin au §. 9. Obs. 2., il ajoute:
„Vocabulum *Schiöl* diversimode quoque
„usurpatur; alii venam fimbriis donatam
„appellant Schiöl, alii ipsas fimbrias seu
„lapidem minerae ac petrae interjacentem.
„Forsan vena, quae a fissurâ originem ha-
„bet, appellari posset, *Schiöl*, venae vero
„reliquae venae." (cfr. §. 6. obs. 1.)

§. 18.

Idée de Bergman sur les filons.

Le chevalier de Bergman donne une
courte définition des filons dans sa *Géographie physique*. „Les mineurs, dit-il, don-
„nent le nom de *filon* à des fentes rem-
„plies et parconséquent fermées: par-les
„mots *Kluft et Schiöl* ils entendent à peu
„près la même chose: mais il appellent
„*Trum* (veine, branche) une fente plus
„petite également fermée, dont les parois

„en coïncidant forment une espèce de
„queue. "

Ce passage montre que Bergman ne
connoissoit pas bien la différence, qu'il y
a entre filon, *(Gang)* Kluft et Schiöl.

§. 19.

Notions sur les filons, extraites du *Bericht vom
Bergbau* de Mr. d'Oppel.

Je passe maintenant aux nouvelles notions et définitions des filons, que Mr. d'Oppel a données dans son *Bericht vom Bergbau* (essäi sur l'exploitation des mines): il
y parle d'une maniere plus détaillée, que
dans son *Indroduction à la geometrie
souterraine.* Tout ce qu'il dit à ce sujet
décèle en lui le physicien pénétrant, le
philosophe profond, le mineur et géognoste experimenté; aussi vais-je rapporter dans toute son étendue ce qu'il dit de
plus intéressant à ce sujet.

§. 29. „La structure intérieure du
„globe semble nous apprendre, qu'après

„que les montagnes primitives, et les
„montagnes secondaires les plus con-
„sidérables ont été formées, elles ont
„éprouvé de grands dessechements ou
„de fortes secousses. Ces révolutions ont
„fait que des rochers et des montagnes,
„qui ne formoient autre fois qu'un seul
„tout, ou un même massif, se sont fen-
„dus: en se fendant, il a pu se faire ou
„qu'une partie du rocher ait glissé sur l'au-
„tre sans cesser de la toucher, ou bien que
„ces deux parties se soient écartées l'une
„de l'autre en laissant des espaces vides
„entr'elles, lesquels se sont ensuite rem-
„plis de diverses substances minérales, au
„moins en grande partie. La plupart de
„ces grands événements appartiennent à
„cette partie de l'histoire naturelle souter-
„raine, qui ne peut guères tirer des lu-
„mieres et des résultats que les faits mê-
„mes, que nous présente le globe: car
„toutes ces grandes révolutions sont ar-
„rivées à une époque, qui remonte bien
„au delà de celle où la terre a com-

„mencé à étre habitée par l'espèce hu-
„maine.   Au reste soit que les fentes et
„les filons aient été réellement formés de
„la maniere, que nous venons d'exposer,
„ou non; il n'en est pas moins vrai, que
„cette maniere de se les réprésenter tant
„par rapport à leur forme, qu'à leur ma-
„niere d'étre les uns à l'égard des autres
„dans les montagnes, est la plus simple.
„Elle explique les loix uniformes qu'ils
„présentent tant en général, qu'en parti-
„culier; et par la suite nous admettrons
„cette formation des fentes et filons comme
„réelle. Cette hypothèse seroit encore plus
„satisfaisante pour le naturaliste, s'il étoit
„aussi aisé de concevoir, comment dans
„ces fentes, telles que nous venons de
„nous les réprésenter, il a pu se former
„une nouvelle substance minérale, qui
„paroit d'une nature différente de celle de
„la roche dans laquelle les filons se trou-
„vent.“

§. 30. „Une fissure ou interruption
„de continuité dans un rocher, lorsqu'elle

,,en coupe les strates se nomme filon, fente
,,(en allemand *Gang, Kluft.*)"

§. 31. ,,On appelle filon une fente,
,,dans la roche, dont la direction et posi-
,,tion peuvent varier de toutes sortes de
,,manieres à l'égard de la position des cou-
,,ches de la roche, et qui à été ensuite
,,remplie de substances minerales, d'une
,,nature différente de celles qui consti-
,,tuent la montagne. "

Deplus §. 38. ,,Il est difficile de con-
,,cevoir qu'il ait pu se former dans un ro-
,,cher des fentes et ouvertures considéra-
,,bles, sans que quelques parties du roc
,,adjacentes à la fente, aient éprouvé un
,,effort, qui aura réellement détaché quel-
,,ques morceaux des parois et produit des
,,fentes collatérales, et sans qu'une fente
,,principale dégénere à son extrémité en plu-
,,sieurs fentes plus petites. Ces petites fentes
,,lorsqu'elles sont remplies de la même ma-
,,tière que le filon, se nomment *veines, ra-*
,,*meaux du filon principal* (en allemand
,,*Trümmer)* et l'on dit du filon *qu'il se ra-*

„*mifie.* La partie du rocher comprise en-
„tre les rameaux du filon est ordinairement
„cunéiforme; aussi lui donne t-on quel-
„que fois le nom de *coin.* Lorsque les ra-
„meaux se prolongent à une certaine di-
„stance en suivant le filon principal, on les
„nomme branches *accompagnantes.*"

§. 42. „Lorsque, dans une montagne
„stratifiée, il se forme un filon, il arrive
„quelque fois, que le filon non seulement
„traverse une strate, mais encore qu'il la
„dérange, c'est-à-dire qu'une des deux
„parties de la strate coupée par le filon
„change de position, en s'élevant ou s'a-
„baissant par rapport à l'autre partie, alors
„on dit que la *strate fait des sauts.* Le
„filon qui a causé ce derangement se
„nomme en allemand un *Wechsel* c'est-
„a-dire *changeur.*"

Il me faudroit transcrire ou citer tout
ce que cet auteur a écrit sur cette matiere,
si je voulois rapporter ce qu'il en dit de
lumineux, de satisfaisant et d'instructif.

Je me contenterai de citer encore deux observations géognostiques excessivement intéressantes pour la pratique : voici les propres expressions de l'auteur.

§. 98. „Dans les enfoncements et val-„lons les plus profonds des montagnes *mo-„yennes* on trouve, que les filons les plus „puissants suivent la direction des valons."

§. 104. „Lorsque un filon est coupé „ou dérangé par une veine visible, on „le retrouve en suivant la-veine; on sup-„posant toute fois que les parties du filon „coupé ont été simplement écartées l'une „de l'autre. "

§. 20.

Opinion de Delius.

Un an après la publication de l'ouvrage d'Oppel, il parut un petit traité (de Delius) sur l'origine des montagnes et des filons. [23])

---

23) *Abhandlung von dem Ursprunge der Gebirge und der darin befindlichen Erzadern, oder der sogenann-*

La formation des filons, ainsi que le titre l'annonce, en est l'objet principal. Délius les regarde comme des fentes produites par un dessechement de la roche et qui se sont ensuite remplies. Il pense que l'eau de la pluie ayant pénétré dans le corps des montagnes y a délayé, dissous, et ensuite conduit dans les fentes les parties, qui servent de base aux pierres et aux métaux : il s'imagine ensuite, que l'air et la chaleur du soleil exerçant leur action dans les filons, y ont produit l'évaporation de l'eau et la combinaison des substances pierreuses et métalliques qui s'y trouvoient. De la proportion des particules primitives, qui se sont combinées, de leur plus ou moins grande pureté est résulté, suivant l'auteur en question, la formation de tel ou tel métal. [24]) Il traite cet objet d'une

---

ten Gänge und Klüfte; ingleichen von der Vererzung der Metalle, und insonderheit des Goldes. 8. Leipzig 1770. L'editeur de ce petit ouvrage et le Professeur Schreber.

24) v. chap. 2. et 3. de l'ouvrage cité principalement p. 35--37 et 61--64.

maniére assez détaillée, mais qui n'est rien moins que fondée sur les principes d'une saine physique ou chimie, et appuyée sur des observations exactes et suffisantes: D'ailleurs l'on voit, qu'il a emprunté d'Agricola ce qu'il dit sur la manière dont les filons ont été remplis. On auroit dû s'attendre à quelque chose de mieux de la part d'un écrivain d'une aussi grande réputation que Délius et qui avoit connoissance des ouvrages de Mr. d Oppel.

Dans son traité sur l'exploitation des mines [25]) qui a paru quelque tems après, le même auteur traite des filons d'une manière encore plus détaillée, mais tout aussi peu solide et d'après les mêmes principes.

---

25) Christoph Traugott *Delius Anleitnng zu der Bergbaukunst nach ihrer Theorie und Ausübung, nebst einer Abhandlung von den Grundsätzen der Berg- und Kameral-Wissenschaft. Wien* 1773.

On y trouve l'exposition de sa theorie sur les filons p. 13 et 52.

§. 21.

Théorie de Charpentier.

La théorie de la formation des filons que le Vice-directeur des mines de la Saxe, Mr. de *Charpentier*, expose à la fin de la quatrième section de sa *Géographie minéralogique de la Saxe*, [26]) est presqu'entierement la même, que celle dont nous avons parlé au §. 14. Mr. de Charpentier a donné cette théorie d'une manière si concise, qu'il n'est gueres possible d'en donner un extrait; et en même tems, pour sa parfaite intelligence, il l'a présenté dans une étendue, qui dépasse les bornes que nous nous sommes préscrites dans ce traité. Je suis d'autant plus dispensé de donner une exposition détaillée de cette théorie, que l'excellent ouvrage dans le quel elle est exposée se trouve certainement entre les mains de tous mes lecteurs. Elle est principalement dé-

---

26) Jo. Fr. Wilh. *Charpentiers mineralogische Geographie der kursächsischen Lande.* 4. Leipzig 1778.

veloppée depuis la page 425 jusqu'à la
page 432 de l'ouvrage cité.

Je dois encore avertir que dans la
même section et immédiatement avant l'exposition de sa théorie, Mr. de Charpentier à rassemblé tout ce qu'on pouroit dire
de plus fort contre la formation des filons,
regardés comme ayant été des fentes, qui
se sont ensuite remplies.

§. 22.

Opinion de Baumer.

Le conseiller des mines *Baumer* mérite aussi une place parmi les auteurs, qui
ont écrit sur la théorie des filons.   Il parle
de cet objet dans sa *Geographia et Hydro-
graphia subterranea*.   Quoique ce qu'il
en dit soit très court, cependant il approche plus que les autres de la vraie nature
des choses.   Voici [27]) comme il s'exprime

____

27) Voici le passage dans son entier.   „ Cum à mon-
„tium stratis venae,   tam materiâ quam formâ diffe-
„rant; has alio tempore ac serius, quam ipsas mon-
„tes, structas esse, arbitror. Hanc vero structuram

dans le chapitre 14. §. 4. „Tant par rap-
„port à leur forme, que par rapport à leur
„substance; les filons différent des bancs
„des montagnes. Leur formation est po-
„stérieure à celle des montagnes. D'après
„plusieurs données, il paroit qu'ils ont été
„formés sous l'ancienne mer: car leur ex-
„trémité supérieure est souvent recouverte
„de plusieurs couches schisteuses; et l'on
„trouve quelque fois dans les cavités et la
„masse même des filons des animaux ma-
„rins pétrifiés.“

Cette observation, au sujet des pétrifications que l'on trouve dans les filons, est
de la plus grande importance, et elle eût

„jam in mari veteri absolutam fuisse, pluribus argu-
„mentis demonstari potest: I. Venarum ora sae-
„pius multis schistorum stratis contecta sunt, id
„quod in Hassiâ nostrâ admodum promiscuum est,
„et venas inventu difficiles reddit. II. Tam in cry-
„ptis vacuis, quam in venis petrefacta marina quan-
„doque inveniuntur. III. In sicca telluris superficie
„nulla crypta mineris repletur. A la fin de ce §. il dit
„encore: Terrae subtiles etc. aqua marina per stra-
„torum fissuras cryptis advectae, venis materiam
„praebuisse videntur.“

D

bien mérité, que l'on eut désigné les lieux où l'on trouve ces substances pétrifiées.

§. 23.

Le conseiller privé des finances Mr. *Gerhard*, dans son *Essai d'une histoire du règne minéral,* [28]) traite des filons et de leur origine d'une maniere très détaillée: il a rassemblé à ce sujet un grand nombre de faits intéressants et instructifs. Quand à l'origine des filons, (que cet auteur distingue suffisamment des flötz,) il les regarde, ainsi que la plupart des géognostes, comme des fentes produites dans les montagnes et qui se sont ensuite remplies de substances minérales. Il croit que plusieurs causes ont pu influer sur la formation des fentes; et qu'elles ont été formées dans des tems fort éloignés les uns des autres. Il croit que même des fermen-

---

28) Carl Abraham *Gerhards Versuch einer Geschichte des Mineral - Reichs.* Erster Theil. 8. Berlin 1781. Tout ce qui a rapport à la théorie en question se trouve dans le 4e chap. de ce tome §. 117--148.

tations souterraines ont pu être cause, que des rochers se sont brisés et qu'il s'y est formé des fentes, qui se sont ensuite remplies et ont formé des filons. Pour expliquer la maniere dont les fentes ont été remplies, il suppose que l'eau, ayant pénétré dans la roche adjacente, y a dissous certaines particules, s'en est chargée et, à travers les fissures qui sont dans la roche, elle s'est rendue dans les fentes où se trouvent aujourd'hui les filons. Il croit que les minérais, que l'on trouve dans les filons, existoient déja dans la roche, et qu'ils sont arrivés sous une forme fluide dans les lieux où l'on les voit aujourd'hui.

§. 24.

Le Vice-directeur de mines Mr. de Trébra dans ses *Observations sur l'intérieur des montagnes,* [29]) ouvrage aussi in-

---

29) *Erfahrungen vom Innern der Gebirge nach Beobachtungen gesammlet und herausgegeben* von Friederich Wilhelm Heinrich *von Trebra.* Fol. Dessau u. Leipzig 1785.

structif que magnifique, rapporte plusieurs
observations intéressantes sur les filons et
donne en même tems une théorie de leur
formation, qui approche fort de celle de
Zimmerman dont nous avons parlé §. 14.,
il en traite dès le commencement de l'ouvrage dans les lettres adressées au directeur de mines Mr. de Veltheim, lettres
qui forment la premiere section de l'ouvrage. Toute la théorie de la formation
des filons et des minérais est le sujet de la
troisieme lettre, dans laquelle il est question de la circulation des fluides. En
voici le précis.

„D'abord, dit-il, pour expliquer les
„phénomenes que nous présente l'inté-
„rieur des montagnes; (bien entendu qu'il
„ne s'agit point de celles qui ont évidem-
„ment une origine volcanique,) je n'ai
„point recours à ces grandes causes, qui
„par leur grandeur, la promptitude de
„leur action et de leur effet produisent
„sous nos yeux des changements subits,
„tels sont les feux souterrains, les trem-

„blements de terre et autres semblables.

„ Je trouve la cause de ces phénomènes
„ dans ces agens de la nature, qui frap-
„ pent moins nos sens, mais dont l'effet,
„ quoique peut-être lent, opère une trans-
„ formation radicale. Ces agens sont la
„ *putréfaction, la fermentation;* peu im-
„ porte au reste le nom, que l'on donne
„ dans le règne minéral à cette force de
„ la nature, qui met en mouvement tout
„ l'intérieur du globe; elle est produite et
„ entretenue par une combinaison d'eau
„ et de calorique en dégrés différents.
„ Comme je vois que ces causes agissantes
„ existent encore, et que je puis entre-
„ voir qu'elles existeront, tant que la na-
„ ture continuera à parcourir l'immense
„ cercle de ses opérations; je demeure in-
„ timement persuadé qu'il se fait encore
„ tous les jours dans nos montagnes des
„ transformations, des compositions et des
„ décompositions : cela se fait aujourd'hui
„ et continuera de se faire, tant que
„ le monde existera. "

Plus loin, l'auteur dit: ,,La fermen-
,,tation, qu'on me permette de désigner
,,sous ce nom cette force, qui agissant
,,par dégrés insensibles, produit des trans-
,,formations radicales, dans le sein du
,,globe, la fermentation, dis-je, peut d'a-
,,près ma théorie, transformer la sub-
,,stance d'une masse entiere de monta-
,,gnes: elle peut changer le granit en
,,gneïs, d'autant plus que cette derniere
,,roche ne différe de la premiere que par
,,sa texture feuilletée et schisteuse; elle
,,n'a pour caractères distinctifs que cette
,,même texture, (la régularité et le paral-
,,lelisme que l'on voit dans ses couches,)
,,et en plusieurs endroits un feldspath dé-
,,composé, qui se rapproche de l'argille.
,,La fermentation peut transformer la
,,*grauwakke* *) en un schiste argilleux qui
,,peut durcir et devenir un jaspe, si cette
,,fermentation cesse, ou diminue.''

---

*) La grauwakke est une espece de grès, dont les
grains sont agglutinés par un ciment de schiste argilleux. (*Note du traducteur.*)

„ Elle peut encore changer les pierres
„ quartzeuses en pierres argilleuses, les
„ substances calcaires en quarts, la masse
„ des rochers en matieres combustibles,
„ sels; et même les disposer a devenir les
„ minérais des métaux et demi-métaux.
„ Je lui attribue encore la propriété de
„ pouvoir produire, entretenir et continuer
„ à former ces gîtes et couches des miné-
„ raux dans les montagnes primitives et
„ même secondaires : J'ajoute enfin, que
„ le choc, que les eaux exercent en se fra-
„ yant un chemin du haut vers le bas des
„ rochers et que tant de causes modifient
„ de plusieurs manieres, me paroit être la
„ cause principale d'une plus grande acti-
„ vité de la fermentation dans certains
„ points particuliers de la montagne. Je
„ définirais donc ainsi les couches et gîtes
„ de minérais :

„ *Certains endroits des montagnes*
„ *où, par un mouvement intestin occa-*
„ *sioné par l'affluence des eaux, la ro-*
„ *che ainsi que les corps étrangers*

„*règnes animal et végétal* (appartenant
aux) „*qu'elle renfermoit s'est convertie*
„*en une substance pierreuse et métallique,*
„*qui n'est plus la substance du rocher.*"

§. 25.

Lasius.

Le dernier des écrivains qui ont donné une théorie particuliere sur la formation
et l'origine des filons, est le lieutenant
Lasius, dans ses *Observations sur les
montagnes du Hartz.* [30]) Il regarde également les filons comme ayant été formés
dans des fentes, qui ont été antérieurement produites par des révolutions ou d'autres effets de la nature. Il suppose ensuite
que ces fentes ont été remplies d'eaux.
Ces eaux imprégnés avec le tems d'acide
carbonique ou d'autres dissolvants, et rendues par conséquent propres à dissoudre

---

30) George Otto Sigismund *Lasius Beobachtungen über
die Harzgebirge, als ein Beitrag zur mineralogischen
Naturkunde.* 1r und 2r Theil. 8. Hannov. 1789.

La théorie en question se trouve dans le second
volume p. 413--427, et principalement p. 415--
418.

les particules terreuses, métalliques et autres, qui se trouvoient dans la masse des
rochers, s'y sont insinuées, en ont en
effet dissous les particules, que la nature des dissolvants permettoit d'attaquer
et les ont déposé, à l'aide de quelques pré-
cipitants, dans les espaces, qu'occupent
aujourdhui les filons. Mais l'auteur est
incertain sur un point, il ignore si les
eaux ont trouvé les particules métalliques
toutes formées dans la masse du rocher,
ou si elles les ont engendrées, car après
avoir rapporté la premiere de ces deux opinions, il ajoute: ,,ou le dissolvant a
,,opéré dans les petites semences métalli-
,,ques (si je puis m'exprimer ainsi) cer-
,,taines modifications et changements, qui
,,formoient, dans un endroit de l'argent,
,,dans un autre du plomb, dans un troi-
,,sieme du cuivre, ou autres métaux et
,,demi-métaux. ''

§. 26.

En finissant l'histoire de la théorie des
filons, je ne puis m'empecher d'observer

que c'est aux savants et mineurs saxons principalement, que l'on doit ces diverses théories. C'est Agricola, Rösler, Henkel, Hoffman, Oppel, Charpentier, Trebra, qui ont écrit presque tout ce que nous savons sur cette matière. Au reste cela ne surprendra personne, si l'on fait attention, que ce sont principalement les savants et mineurs saxons, qui ont fait un corps de science des diverses parties de l'art des mines; que ce sont eux, qui l'ont poussé le plus loin; et qu'ils ont même crée quelques unes des sciences accessoires, telles que la docimasie, et la géometrie-souterraine. [31])

---

31) La docimasie avoit déja été l'objet des travaux d'*Agricola*, de Lazarus *Erkern* et de Modestin *Fachsen*: les deux derniers ont donné à ce sujet des ouvrages fort utiles. De notre tems le conseiller de mines *Gellert* a composé un excellent traité de Docimasie. Parmi les étrangers *Cramer* de basse Saxe, *Scheffer* et *Bergman* suédois se sont distingués dans cette partie. L'ouvrage le plus récent sur le docimasie est du conseiller aulique *Gmelin*, *Agricola*, *Reinhold*, *Rösler*, *Weidler* et *Baïer* ont formé successivement la géometrie souterraine. Cette science à été portée à sa perfection par *Oppel*, *Küstner* et *Scheidhauer*. Le professeur *Lempe* est celui

§. 27.

Après avoir montré dans ce chapitre combien l'on a varié dans la théorie de la formation des filons; je vais exposer ma théorie dans le troisieme chapitre: j'en donnerai les preuves dans les quatrieme, cinquieme, sixieme: Dans le huitieme je rapporterai ce que l'on peut dire contre les théories antérieures à la mienne.

CHAPITRE TROISIEME.

Courte exposition de la nouvelle théorie des filons et de leur formation.

§. 28.

Origine des filons.

Tous les filons proprement dits, ont été d'abord et de toute nécessité de véritables fentes, ouvertes par leur partie su-

---

qui a fait le dernier ouvrage de géométrie souterraine. En France le citoyen *Duhamel* a écrit un fort bon ouvrage sur cette science.

périeure, qui presque toutes se sont ensuite *remplies uniquement par le haut.*

§. 29.

Origine des fentes.

Les fentes peuvent provenir de plusieurs causes différentes.

1. Les montagnes ont été formées par
l'accumulation successive de plusieurs couches ou assises placées et amoncelées les
unes sur les autres. La masse de ces couches étoit au commencement humide et
peu solide, de sorte que, lorsque l'accumulation est parvenue à une certaine hauteur,
la masse des montagnes a dû céder à l'action de son poids et parconséquent s'affaisser et se fendre.

2. Les eaux, qui prêtoient un appui
a des masses considérables de montagnes
ont baissé de niveau : alors ces masses,
ayant perdu leur appui, ont également
cédé à l'action de leur poids, se sont détachées et séparées du reste de la montagne en se jettant du côté, qui se trou-

voit libre, c'est à dire du côté le moins soutenu.

3. Le retrait de la masse des montagnes opéré par le dessechement, et plus encore les tremblements de terre et autres causes semblables peuvent aussi avoir contribué à la formation des fentes.

§. 30.

Origine de la matière des filons.

La même précipitation, qui, par la voie humide, a produit les *strata* et couches de montagnes, (parmi ces couches sont aussi celles qui contiennent des minérais,) cette précipitation, dis-je, a également fourni et produit la masse des filons : cela c'est fait dans le tems où la dissolution, qui a donné les précipités, couvroit les fentes déja existantes, et qui étoient alors entièrement ou en partie vides et ouvertes par leur partie supérieure.

§. 31.

Caractères distinctifs de *l'âge* des filons.

Les filons (fentes et substance ou masse composante) ont été formés à des époques très différentes et l'on peut assigner leur ancienneté ou *âge relatif.*

Les caracteres distinctifs de *l'âge* relatif des filons sont les suivants.

1. Tout filon, qui en traverse un autre est plus nouveau que le filon traversé et que tous ceux qu'il traverse.

Par conséquent les filons les plus anciens sont traversés par tous les autres et les plus nouveaux sont ceux qui traversent tous les autres.

> Lorsque deux filons se croisent, il y en a un, qui, sans éprouver aucune interruption et dérangement, passe au travers de l'autre; ce dernier est coupé et interrompu par le premier dans toute son épaisseur ou puissance. L'on dit du premier filon qu'il traverse le second et de celui-ci qu'il est traversé par le premier. Le premier est le filon traversant et parconséquent le plus nouveau, le second est le filon traversé et par conséquent le plus ancien (voyez les §. 35 et 45.)
>
> Cette maniere d'être des filons les uns à l'égard des autres est très importante à observer et même indispensable à connoitre dans l'étude des filons: cependant jusqu'ici elle avoit entierement échappé aux minéralogistes.

2. La matière qui est dans le milieu du filon est ordinairement de formation moins ancienne, que celle qui est plus proche des salbandes; et ce qu'on trouve dans la partie supérieure d'un filon est également moins ancien que ce qui est à une grande profondeur.

3. Dans un échantillon, composé de plusieurs minéraux différents, le minéral superposé est le plus nouveau, celui qui semble être comme enveloppé par d'autres est plus ancien que ceux ci.

Dans ces échantillons composés, sur tout lorsqu'il y a des cristallisations différentes, il est très essentiel d'observer la position et l'emplacement des divers minéraux, afin de connoitre leur âge relatif. Ces observations sont très utiles dans la détermination des *formations des minéraux en général.* Je l'ai déja fait remarquer dans plusieurs de mes écrits, entr'autres dans ma caracteristique de l'Apatite [32]) et dans la description des caracteres extérieurs de l'Olivine. [33])

---

[32]) V. *Bergmännisches Journal* 1788. Tom. I. p. 90 et 91.

[33]) Le même ouvrage 1790. p. 62 et 63.

§. 32.

Caractères des diverses formations des filons.

Il est assez aisé de reconnoitre et de distinguer, chacune prise en elle même, les diverses formations des filons, dans quelque endroit qu'on les trouve.

Lorsque des filons, même dans des pays éloignés les uns des autres, renferment les mêmes gangues et minérais, et que ces matières y sont placées dans le même ordre, on peut en conclure, que ces filons appartiennent à une seule et même formation. En général l'identité d'une formation de filons se reconnoit à la conformité des masses qui les composent. Cette détermination est d'autant plus aisée, que les filons contiennent un plus grand nombre de minéraux d'espece différente.

§. 33.

Causes de la richesse et de l'annoblissement des filons.

L'annoblissement des filons provient
1. principalement de la maniere dont ils

ont été remplis de substances métalliques ce qui peut venir

a) de la nature particuliere de la dissolution, qui par ses précipites a formé la masse du filon;

b) des canaux intérieurs;

c) de ce que la masse du filon déja existante a pu être imprégnée de matiere métallique, par une dissolution qui remplissoit la partie encore vide du filon.

2. Un filon déja formé peut s'être fendu de nouveau, avoir ainsi augmenté de volume, et la nouvelle fente se sera ensuite remplie de matière métallique.

3. Rarement cet annoblissement vient d'une attraction élective (affinité) de la roche adjacente.

> Cette derniere cause paroit entr'autres avoir eu lieu à Kongsberg en Norvege : on dit que les filons y abondent en minérai principalement lorsqu'ils traversent certaines couches de la montagne, qui différent entièrement des autres et que dans le pays on nomme *Falbänder.*

§. 34.

De la fréquence des filons dans certaines contrées.

Les filons se trouvent en plus ou moins grand nombre dans les montagnes de certains districts et dans des contrées plus ou moins étendues.

La fréquence des filons dépend principalement de la forme extérieure de la montagne et de la contrée : savoir

1. de la position et de la forme de toute la chaine de montagnes, de son étendue en largeur, de sa pente ;

2. de la position et nature particuliere de la contrée où l'on trouve ces filons, qui y sont en plus grande quantité,

a) lorsqu'elle est un assemblage de collines, d'une pente douce et de croupes arrondies et applaties,

b) lorsqu'elle se trouve dans une grande vallée. *)

---

*) La parfaite intelligence de ce §. et du précedent suppose une connoissance de la Géognosie de Wer-

§. 35.

Diversité des formations de filons dans un même pays.

Dans une seule et même contrée il se trouve souvent et à la fois des filons de formations très différentes : ces diverses formations constituent un *district de mines*. (§. 5.)

Ces filons de diverses formations, qui se trouvent ensemble dans une même contrée, ne portent pas seulement les marques d'une formation différente, mais encore, et d'une manière très visible, les caracteres distinctifs du tems de leur formation.

Dans le 10ᵉ chapitre de ce traité, je donnerai une déscription du district des mines de Frey-berg : on y verra entr'autres deux espèces de filons très différentes les unes des autres. Une de ces espèces consiste en filons méri-dionaux et septentriqnaux, c'est-à-dire eu filons qui courent depuis 9 jusqu'à 3 heures de la Boussole du mineur (entre le N. O. et le N. E.) Ces filons donnent de la galène,

---

ner. Ce savant ouvrage sera incessamment publié eu France,

de la blende noire, des pyrites sulfureuses, cuivreuses, arsenicales, du quartz et du spath brunissant: cette formation, comme le premier dépot de filons métalliques de ce district, sera décrite en détail dans le 10. chapitre. La seconde espece de filons, qui traverse toujours la premiere et n'en est jamais traversée, contient de la galène, avec un peu de pyrite rayonnée, du spath pesant, du spath fluor, du quartz; elle s'étend entre la 6e et 9e heure; dans le chapitre 10e elle formera le troisieme dépot de filons.

Le district de mines d'*Ehrenfriedersdorf* renferme des filons, dont les uns contiennent de l'étain et les autres de l'argent: les filons d'étain y sont toujours traversés par ceux d'argent: la direction des premiers est en grande partie entre 6 et 9 heures, celle des derniers entre 9 et 3.

§. 36.

Manière dont se trouvent les matières des diverses formations.

La masse constituante des filons d'une certaine formation se trouve quelque fois de plusieurs manieres; savoir

1. non seulement dans des filons propres et particuliers à cette formation; mais encore

2. dans l'intersection de deux filons d'une espece toute différente ; souvent aussi

3. dans le milieu, et rarement sur une des parois ou lisieres d'un filon d'une autre espéce.

§. 37.

Toutes les propositions, que j'ai avancées, seront, à ce que j'espère, établies et expliquées suffisamment, non seulement par les preuves, que je vais en donner dans les chapitres suivants, mais encore par l'application que j'en ferai, dans le 10e chapitre, au district des mines de Freyberg. Je réserve pour le 5e et 7e chapitres une exposition plus détaillée de ma théorie.

CHAPITRE QUATRIÈME.

Preuves que les espaces qu'occupent les filons ont d'abord été des fentes vides et ouvertes dans leur partie supérieure.

§. 38.

En définissant les filons *des fentes produites dans les roches, et qui ont été ensuite remplies, par le haut, de certaines substances,* on admet deux effets de la nature différents l'un de l'autre, qui ont été tous les deux nécessaires à la formation des filons, et qui ont eu lieu l'un après l'autre. D'abord il a fallu que les fentes, dans lesquelles se sont formés les filons, se fissent dans la roche, et puis il a falu que ces fentes se soient remplies.

Pour démontrer l'hypothèse avancée sur la formation des filons, il faut prouver séparément chacun de ces effets de la nature supposés nécessaires à leur formation.

Il faut donc faire voir non-seulement,

que les filons, eu égard à leur volume,
à leur position, à leur manière d'ê-
tre les uns à l'égard des autres, ressemblent parfaitement aux fentes
des roches, et que dans la longue
durée de l'existence de notre globe
il a dû nécessairement se former de
telles fentes, et qu'il s'en forme encore tous les jours;

mais encore

que hors des filons on trouve des matières semblables à celles qui constituent leur masses, que ces matières
se sont déposées dans ces endroits
sous la forme de précipité par la
voie humide, et qu'elles ont pu tout
aussi bien se précipiter et s'intro-
duire dans les fentes, qui existoient
alors et qui étoient propres à les recevoir;

et

que l'emplacement et la disposition de
ces matières, qui forment la masse

des filons, sont absolument les mêmes que si elles y étoient entrées
par le haut.

Je commence par les preuves de la proposition, que j'ai avancée dans le chapitre précédent, §. 25. et 26.:

> *Les espaces qu'occupent les filons sont*
> *des fentes, qui se sont faites dans*
> *les roches: ainsi ces espaces ont*
> *commencé par être des fissures,*
> *crevasses, fentes ouvertes par le*
> *haut et plus ou moins larges.*

Je vais en donner les neuf preuves suivantes, qui, à ce que j'espère, ne laisse-
ront aucun doute sur la vérité de cette proposition dans l'esprit de tout mineur et géognoste instruit et sans prévention.

§. 39.

Première preuve.

Lorsque *la masse, d'abord meuble*
et humide, qui sous la forme de préci-
pité (par la voie humide) constitue les ro-
ches, a co...mencé à s'affaisser et à se

dessecher, il a fallu de toute necessité qu'il s'y fît des fentes; principalement dans les lieux où il s'étoit formé de *hautes chaînes de montagnes et des contrées montueuses et élevées.*

Car premièrement cet affaissement nécessaire n'a pu se faire partout également: parceque la matiere accumulée n'étoit pas partout également dense ni déposée partout en égale quantité et jusques à la même hauteur. De cette seule différence dans l'affaissement il en est résulté nécessairement des séparations, des fentes ou crevasses. Secondement, ces fentes ou crevasses ont dû être en plus grand nombre là, où il y a eu une plus grande quantité de matière entassée, c'est-à-dire là, où de plus grandes accumulations ont formé des élevations, telles que les montagnes: parceque ces masses étant plus libres, c'est-à-dire moins soutenues sur les côtés, elles ont dû céder à l'action comprimante de leur poids: ce qui a pu et dû produire des solutions de continuité, et par conséquent des fentes vers les lieux les plus bas ,[34]) la masse des montagnes se jettant naturellement du côté où elle éprouvoit le moins de résistance. On voit encore tous les jours de pareilles fentes se former en petit dans des tas de matières plus ou moins humides ; principalement lorsque ces matières se dessechent.

Le bouleversement et le grand désordre, que présentent quelque fois les strates des montagnes sont une preuve manifeste de grands affaissements : Les strates d'un *Congloméré* dans des roches de charbon de terre auprès de *Hainchen* en offrent un exemple. Ce congloméré est presque entièrement composé de pierres schisteuses roulées, plates et larges ; elles ont dans quelques endroits presque la même position verticale que les strates mêmes. Or il est impossible que ces pierres aient été déposées dans cette position par

---

34) Qu'on compare ceci à ce qui sera dit §. 51. sur les filons *de Saalfeldt*.

les eaux, il faut qu'elles l'aient prise, dans la suite, avec les strates.

Enfin l'on trouve quelque fois, principalement dans les montagnes de nouvelle formation, de ces crevasses ou fentes encore vides, qui ont même plusieurs pouces de largeur. Non seulement j'ai observé moi même en divers endroits de pareilles fentes; mais j'ai trouvé encore qu'il en étoit fait souvent mention dans les écrits des minéralogistes. Je me contenterai de citer ici ce qu'un écrivain aussi instruit que sûr et réservé rapporte comme témoin oculaire (Charpentier dans sa Géographie minéralogique pag. 359.) Il parle des fentes que l'on voit dans les montagnes de *Kifhäuser*, qui sont vides et ont six, huit pouces de large et même davantage; celle qui est auprès du vieux château a même, d'après lui, quelques pieds de largeur.

§. 40.

Seconde preuve.

Il se forme encore, de tems en tems

dans les montagnes quelques unes de ces crevasses ou fentes, qui ressemblent entièrement aux espaces qu'occupent les filons; cela a principalement lieu *dans les années fort humides et dans les tems des tremblements de terre.*

Dans l'année 1767, année si humide, il s'est fait une fente très considérable auprès de *Hainchen* à l'orient de la ville. Dans la haute Lusace, et précisément dans les environs du lieu de ma naissance, il arriva dans la même année deux événements semblables, dont j'ai été témoin oculaire. L'un a eu lieu auprès de *Wehrau;* une partie d'une montagne de grès s'est affaissée, emmenant avec elle les plus gros arbres, dont elle étoit couverte: la fente étroite qui s'est formée à cette occasion a plus de deux cents pieds de long. L'autre fente s'est faite deux lieues plus loin à *Tiefenfurth*, dans une terre sabloneuse; il s'y est formé une crevasse, qui a un quart de lieu de long, trois ou quatre pouces de large, et une profondeur dont on n'a pu trouver le fond avec les perches les plus longues. Pareille chose est arrivée auprès *d'Aussig* en Bohème: autant que je puis m'en rappeller, cet évenement y fut accompagné d un ecroulement de montagne. Les papiers publics de ce tems en parlerent.

Lors du fameux tremblement de terre en Calabre, il s'est formé dans ce malheureux pays une grande quantité de semblables fentes ou crevasses, accompagnées en partie d'écroulements. On trouve un détail de tous ces évenements dans les ouvrages qui ont paru sur ce tremblement de terre.

Enfin on sait suffisamment, par bien des ouvrages, qu'il se fait de tems en tems des crevasses et éboulements considérables dans les montagnes des Alpes, en Tyrol, en Suisse, en Savoye.

Il est cependant certain, qu'il ne peut pas aujourd'hui se former une aussi grande quantité de fentes que dans les premiers tems de l'existence des montagnes. Il est même difficile qu'il s'en forme dans les anciennes montagnes, dont la masse a pris une consistance plus homogène, ferme et solide.

§. 41.

Troisième preuve.

Les filons, quant à leur forme, leur assiette et position, ressemblent parfaitement aux fentes et crevasses, qui se forment dans la terre et dans les roches: c'est-à-dire que les uns et les autres ont une figure plate, et que les déviations, qu'ils éprouvent dans leur cours, sont en petit nombre et peu considérables.

Les filons, comme les fentes, se rétrécissent vers leur extrémité inférieure, ils finissent par se terminer en coins, et se perdent en petites veines. De leurs parois il sort également des veines, branches, et filets. S'ils sont fort puissans, on voit à leur toit et à leur mur des filons collatéraux, des branches accompagnantes.

Quant à leur assiette ou position, ils sont ou entièrement verticaux, ou ils ont

une inclinaison, presque toujours plus rap-
prochée de la ligne verticale, que de l'horizontale; la plupart ont une inclinaison,
qui suit la pente de la montagne : finalement presque tous les filons d'un district
de mines, qui paroissent être d'une même
formation, ont la même direction; ce qui
indique, qu'ils ont été produits par l'action
d'une même force.

§. 42.

Quatrieme preuve.

Personne ne doute que les *(Gang-
Klüfte)* petites ouvertures oblongues, que
l'on trouve en si grande quantité dans les
montagnes ne soient réellement de petites fentes ou crevasses : or depuis les veines les plus étroites, jusques aux filons les
plus puissants il existe sans interruption une
chaine continue, de sorte qu'il est impossible de tirer et d'assigner une ligne de démarcation, entre ce qui est réellement une
(Kluft) vraie fente ou fissure, et ce qui est
un filon sans être une fente.   L'on trouve

assez souvent de petites veines de la grosseur d'un fétu de paille, remplies de minérai, et d'un autre côté on trouve des fentes
de trois à quatre pouces de large et qui
sont entierement vides.

§. 43.

Cinquieme preuve.

Les *druses* et les cristaux, qui en tapissent les parois, sont-ils autre chose, que
*certaines parties d'un filon, qui ne sont
pas encore entièrement remplies,* et par
conséquent *les restes du vide, dans lequel le filon s'est formé?*

Elles ont la même direction que le
filon; elles ont quelque fois plusieurs [35])
toises de long et de haut et sont larges à
proportion; on les trouve dans les endroits
où le filon est le plus puissant; et souvent
on voit évidemment qu'elles ont été beaucoup plus grandes et plus larges, mais

----

35) Le mot toise est mis pour le mot allemand *lachter:* le lachter, mesure en usage dans les mines de
la Saxe, est d'environ 6 P o P 11, 8 lignes.

qu'une nouvelle substance s'étant déposée, quelque fois à plusieurs reprises, sur leurs parois, les a raccourcies, rétrécies, enfin remplies en partie.

§. 44.

Sixieme preuve.

La *matiere de plusieurs filons* considerée en elle même, prouve d'une maniere si évidente que les filons ont été des fentes entièrement vides, qu'il est absolument impossible d'y rien objecter.

Parmi ces preuves sont

1. Les galets ou pierres roulées, qui remplissent uniquement certains filons. Comment ces pierres auroient-elles pu pénétrer dans l'intérieur des filons, si ceux-ci n'eussent été originairement ouverts par le haut?

J'ai vu un pareil filon, rempli uniquement de galets, à Joachimsthal dans le *Danielis - Stollen*. C'est en continuant l'exploitation du filon *Elias*, et se dirigeant vers le filon nommé *Schweitzergang*, qui étoit devant, qu'on a trouvé, à une profondeur de 180 toises, ce filon de galets. Il avoit quatorze pouces de puissance, couroit quelque tems avec le filon Elias et ne contenoit presque que des galets de gneis de diverses grosseurs, plus ou moins arrondis et dont quelques uns avoient presque la forme sphérique. [36]) J'ai vu ensuite pareille chose en Hesse, auprès de Riegelsdorf au *Stollrefier*, où un filon de cobalt presque vertical étoit *traversé* par un autre filon, qui ne consistoit presque qu'en sable et galets. On trouve à Chalanches, auprès d'Allemont en Dauphiné, des filons, qui sont uniquement remplis de pierres roulées, suivant ce que Mr. Schreiber dit dans ses observations sur les montagnes de Chalanches. [37])

2. Le sable et le limon qui constituent la matiere de certains filons.

L'on voit des filons remplis de limon et qui ont un demi *lachter* de puissance.

(Nouvelle augmention de l'auteur.)

---

36) J'ai parlé de ces filons remplis de galets dans un petit traité *von der Buzzen - Wakke zu Joachimsthal:* il se trouve dans les Annales de chimie p. *Crell* 1789. Tom. I. p. 134.

37) Bergmännisches Journal 1788. Tom. I. p. 27.

§. 45.

3. Les fragments de la roche adjacente, que l'on trouve si souvent au milieu des filons, sont encore une preuve que ces gîtes ont été de fentes ouvertes. Ces fragments de roche ont absolument la forme de débris détachés des parois et tombés dans le filon. Lorsqu'ils sont grands, leurs couches sont à la verité paralleles à celles de la roche, du toit et du mur; ce qui prouve sans contredit qu'ils n'ont été que déplacés et comme poussés, sans avoir roulé. Mais lorsque ces débris de la roche sont petits ils affectent toutes sortes de directions, preuve évidente qu'ils sont confusément tombés dans un espace vide. Au reste il n'y a que les roches de nature schisteuse et feuilletée telles que l'ardoise, le gneïs etc. dans lesquelles on puisse observer cette singularité que présente la position des fragments et débris de roche que l'on voit dans les filons.

A Joachimsthal j'ai vu deux filons pleins de ces fragments, placés confusément et sans au-

cun ordre. Autant que je puis m'en rappeller, c'étoient les filons *Geschieber* et
Huber. Dans le district de Freyberg on
voyoit quelque chose de semblable, principalement à Rothfurth dans le filon occidental le Samuel de *Isaac Erbstollen.* J'ai vu
même, il y a quinze ans, dans ce filon un
morceau de gneis d'environ une toise de long
et de six pouces d'épaisseur, qui étoit placé
presque en travers. J'ai fait voir dans le tems
cette singularité à plusieurs personnes, et
j'ai souhaité qu'elle fût conservée; mais quelques années après en continuant d'exploiter
le filon on a enlevé cette piece remarquable.
Dans presque tous filons on trouve des fragments de la roche en plus ou moins grande
quantité. Il faut qu'il y en ait une grande
quantité dans les filons de plomb à *Stolberg*
et *Strasberg* dans le *Hartz,* autant que je
puis en juger par divers échantillons, que j'ai
vus dans des collections de minéraux. Dans
la mine: *Gott hilft gewifs,* près de *Könitz,*
dans le comté de *Schwartzburg,* l'on trouve
une grande quantité de debris d'une roche
schistense placés pêle - mêle au milieu de
pyrites de cuivre.

§. 46.

4. Les débris de la masse du filon, que
l'on trouve quelque fois en plus ou moins

grande quantité dans le filon même, et qui mêlés avec un autre fossile forment une véritable brèche *(Trümerstein)*, ces débris, dis-je, prouvent, que les filons ont été autrefois des fentes vides. Ces fragmens peuvent être tombés dans le filon de deux manieres différentes. D'abord le filon peut avoir été rempli et ensuite s'être ouvert de nouveau, c'est-à-dire que dans le filon même il s'est formé une nouvelle fente dans la même direction que la premiere; secondement un ancien filon peut avoir été traversé par une nouvelle fente. Dans ces deux cas une partie de la masse du filon déja formé peut s'être brisée et les fragments en seront tombés dans la fente qui s'est dernierement formée: cela (occasioné peut-être par une secousse) a pu se faire dans un tems où la dissolution destinée à remplir de minérais la nouvelle fente, s'y trouvoit déja.

J'ai vu ce phenomène en plusieurs endroits Aussi trouvera-t-on, si l'on y fait bien attention, dans la plûpart des collections de minéraux, des brèches formées par la matière des filons. Je vais me contenter d'en citer ici trois exemples; je possede moi-même les échantillons des minéraux dont il s'agit. Le premier est la fameuse agate en brèche de *Schlotwitz* auprès de *Iunersdorf*. On y retire d'un puissant filon de fragmens plus ou moins grands d'une belle agate rubannée, qui sont agglutinés par un ciment de quartz et d'amethiste. Dans les piéces polies de cette agate on distingue quelquefois des fragmens, qui se correspondent. Le second exemple est dans la mine *Hülfe Gottes à Memmendorf* non loin d'Oederan. Dans un de ses filons on a trouvé une brêche dont la matiere n'est qu'un assemblage de plusieurs especes de gangues, savoir de spath pesant et de pyrite rayonnée, mêlés en partie avec de la blende-brune et de la galène: ces substances sont liées par une espece de quartz corrodé et friable. Les ouvriers le prenoient pour le *vieil homme* (nom que donnent les mineurs allemands aux pierres provenant d'une ancienne exploitation), mais le *Steiger* (bas officier ou piqueur chargé de veiller sur les ouvriers) pour de la vraie roche; l'apparence de cette substance, aussi bien que sa position locale mettoit cette opinion hors de doute. Cette roche semble s'être emparé, dans le toit, d'une bonne partie du filon. Je suis bien faché, que lorsque je me suis trouvé sur les lieux, l'eau m'ait empéché d'observer de près ce filon; j'ai dû me contenter d'en examiner les nombreux échantillons, qui se trouvoient dans les tas de décombres, qui étoient auprès de la mine. Les lapidaires ont taillé, poli, et vendu beaucoup de ces morceaux. Le troisieme exemple se trouve à la mine *Segen-Gottes à Gersdorf*, c'est une brèche, qui consiste presqu'entièrement en petits morceaux de spath pesant, liés par une espece de ciment de spath fluor d'un gris bleuâtre qui est en partie cristallisé. Le directeur de machines *Mende* l'a observé le premier, et il m'en a communiqué un échantillon. Je suis ensuite descendu dans cette mine; j'ai trouvé que dans le toit il y avoit une ouverture, de plus d'un quart de toise de large et de plusieurs toises de haut et de long, remplie de fragments de gangue qui étoient de nouveau réunis et agglutinés entr'eux. J'ai trouvé aussi autrefois beaucoup de ces brèches dans une ancienne mine d'ici: *Lorenz Gegentrum* et dans plusieurs filons de Joachimsthal. Il y en a également dans quelques mines du *Hartz* sur-tout dans celles de *Ring* et *Silberschnur* à Zellerfeld.

§. 47.

Les pétrifications, qui se trouvent dans les filons, sont la cinquieme preuve évidente, qu'ils ont été des fentes entiérement ouvertes. Car si les pétrifications sont les restes ou les empreintes des corps organiques, et personne n'en doute, il a fallu, ou que ces corps organiques aient existé dans les espaces qu'occupent les filons, ou tout au moins que les pétrifications y aient été entrainées de dehors; dans ces deux cas il faut bien que les filons aient été des fentes ouvertes.

Dans les lettres que Mr. de Born a écrites, sur divers objets de minéralogie, pendant son voyage en Hongrie, il fait mention de porpites qu'il a vus au *Spitaler Hauptgang.* „Une des plus grandes raretés, que je puis „citer ici, dit ce savant, c'est que, dans une „galerie pratiquée dans ce filon à une profon- „deur de 89 toises à compter de l'entrée du „puits *Elisabeth*, j'ai trouvé une espece de „porpites pétrifiés au milieu du cinabre com- „pacte.“ Plus loin il dit, que les ouvriers lui ont assuré que l'on trouvoit souvent de semblables pierres. 38)

Baumer, dans l'endroit cité page 42, parle des pétrifications, qui se trouvent dans les

---

38) Les porpites sont une espece de madrépores, et ceux-ci appartiennent aux coraux.

filons, comme d'une chose qui n'est pas extrêmement rare. Mais ce que je puis citer
de plus certain sur cette matiere me vient
d'un minéralogiste, qui a étudié ici et sur l'exactitude des observations du quel je puis
compter. Dans le *Lohberg* sur *l'Unstrut*,
au milieu dune montagne calcaire en couches, on trouve des filons de marne larges
de 5 à 6 pouces et contenant des pétrifications, qui diffèrent totalement de celles que
l'on trouve dans le corps de la montagne.
Dans le voisinage on trouve, à ce qu'on dit,
des couches *(flözze)* composées de cette
même marne et renfermant de semblables
pétrifications. 59)

----

59) La personne, qui m'a communiqué cette observation, est Mr. de *Schlottheim* de *Niederdorfstät* en
Thuringe : il a lui même observé ce fait et l'a examiné avec la plus grande attention. Ce qu'il m'a
écrit à ce sujet mérite d'être rapporté dans son entier. Voici comme il s'exprime. ,, Au *Lohberg* sur
,, l'Unstrut, entre *Nagelstädt* et *Vargel* dans la Thu-
,, ringe Saxonne, où l'on voit partout à découvert la
,, roche calcaire, les couches de la pierre calcaire
,, dense sont coupées dans quelques endroits par
,, des fentes verticales; ces fentes sont en partie vi-
,, des en partie remplies d'une espece de marne fria-
,, ble dans laquelle on trouve des pétrifications très
,, bien conservées.'' Ce qu'il y a de plus remarquable, c'est que la roche calcaire qui avoisine les filons
de marne (qui ont au plus 5 ou 6 pouces d'épaisseur) ou ne présente que peu de traces de pétrifications, ou est rempli de trochites, tandisque celles

§. 48.

6. *Le sel gemme* et *le charbon de pierre,* que l'on trouve dans certains filons, et qui sont des *productions des tems plus modernes,* démontrent encore que les filons

---

qui sont dans les filons sont des cornes d'Ammon, des térébrates, des turbinites. Sur le *Holzberg,* situé dans le voisinage entre *Ballstädt* et *Burgtonna,* on retrouve bien cette marne, renfermant les mêmes pétrifications, en couches minces, qui alternent avec des couches épaisses d'un roc calcaire. Mais ces couches calcaires renferment également des cornes d'Ammon, des térébrates, des turbinites.

Les filons verticaux de marne, dont nous avons parlé, ont une inclinaison entièrement opposée à celles des couches de la roche, dans laquelle ils se trouvent: ainsi on ne peut pas les confondre avec les couches minces mentionnées, qu'une pression forte des couches calcaires eût peut-être forcé à prendre cette position verticale. C'est justement à *Holzberg* que les couches de la roche sont presque partout inclinées de 75 à 80 degrés; aucontraire à *Lohberg,* elles sont presque horizontales; ce qui fait qu'il est encore beaucoup plus aisé de reconnoître les filons. Je dois encore remarquer ici que les filons descendent à la verité sans interruption à une profondeur considérable, mais ils ne s'enfoncent dans l'intérieur (vers le milieu) de la montagne qu'à quelques toises de distance de sa superficie. Précisément le lieu, où on pouvoit le mieux les observer, a été entraîné, il y a quelques années, par une ravine considérable; c'est là qu'on peut remarquer en plu-

ɔ ont été des fentes vides. Quand on connoit l'origine de ces substances, quel moyen de concevoir leur présence dans les
filons, à moins qu'elles n'y aient été ame-
nées de dehors: et pour cela il a bien fallu
que les filons fussent des espaces ouverts.

De pareils filons, contenant du sel gemme et
du charbon de pierre, sont très rares. Mais
j'ai vu auprès de *Wehrau*, dans la haute Lusace, un filon de charbon de pierre d'un
quart de toise d'épaisseur, et qui est tout-à-
fait vertical. Il se trouve dans un rocher de
pierre sablonneuse, que dans le pays on nomme chambre du diable (*Teufelsstube*). [40]
Ce filon renferme quelques pouces d'un char-

sieurs endroits, que ces filons vont jusqu'à une profondeur considérable, mais qu'ils ne s'enfoncent pas
dans l'intérieur de la montagne, et qu'ils se perdent
peu à peu à mesure que la roche devient plus ferme
et plus dure.

40) Ce filon remarquable paroit au jour, dans un endroit presqu'inaccessible; le rocher y est à pic et la
Queis baigne son pied. J'ai fait voir ce filon à Mr.
le conseiller de mines de Charpentier; il l'a reconnu
pour un vrai filon et il en parle dans sa *Géographie
minéralogique de la Saxe* pag. 7. On voit encore
plusieurs petits filons semblables n'ayant qu'un
pouce de large, et qui traversent le même rocher
dans toutes sortes de directions.

bon de pierre assez pur, le reste est mêlé de beaucoup de sable. A *Achlen* dans les salines du canton de Berne on trouve à ce qu'on dit une assez grande quantité de filons étroits de sel gemme.

§. 49.

7. Enfin, tous les filons dont la matiere est bien décidemment une espece de roche proprement dite prouvent que les filons ont été des fentes ouvertes. De ce nombre sont les filons de granit, de porphire, de pierre calcaire, de basalte, de wakke, de *Grünstein* [41]) etc. Car si ces

---

41) Je distingue le *grünstein* de la sienite: je donne le nom de *grünstein* à cette *espece de roche, qui appartient à la formation des basalte*s *ou traps* et qui est composée de grains de *hornblende*, de feldspath et plus rarement de mica. Le grünstein, ainsi que le basalte forme la sommité de plusieurs montagnes; quand il se trouve avec cette derniere roche, il est presque toujours dessus. L'hornblende, qui compose le *grünstein* est ordinairement en petits grains, rarement en gros grains, plus souvent en grains fins, cette derniere variété est souvent mêlée avec plus ou moins de basalte, et forme ainsi la transition au vrai basalte. J'ai trouvé des roches de grünstein sur la montagne de basalte de *Löbau* dans la haute Lusace, sur celle de *Weifs* en Hesse, et auprès de *Dransfeld* non loin de Göttingue. Sur la montagne de Weifs on trouve le grünstein très caractérisé, principale-

substances, déposées successivement les unes sur les autres en forme de précipités (obtenus par la voie humide), ont formé la masse des roches; il n'y a pas de raison pour croire qu'elles aient une origine différente dans les filons, où on les trouve. Or pour que ces substances pierreuses ayent pu se précipiter dans les filons, il a bien fallu que ceux-ci aient été des espaces ouverts.

Il y a à *Johangeorgenstadt* et à *Eibenstock* de vrais filons d'un granit à petits grains, qu'on

---

ment sur le *Kolbe* (ou Kalbe, comme on prononce dans cet endroit) il consiste en hornblende à gros grains mêlé avec beaucoup de feldspath, qui est distinct: dans cet endroit on nomme cette roche *Dukstein*. D'après une observation que Mr. de Napion m'a communiquée dans une lettre sur la nature de la montagne de Taberg en Suède, il résulte que le grünstein des suédois appartient également *aux roches de trap* On peut très convenablement donner ce nom à toute cette formation, qui comprend les roches de basalte, de *porphirschiefer* (schiste porphirique) de *mandelstein* (pierre amygdaloïde) ainsi que de grünstein, roches qui ont de grands rapports les unes avec les autres. On trouve, dans le *Bergmännischen - Journal* seconde année p. 2005 et 2006 la lettre de Mr. de Napion, suivi d'une note très étendue que j'y ai ajouté sur le même objet.

y appelle fort improprement *filons sablo-
neux (Sandgänge)*: à Johangeorgenstadt on
les trouve dans une roche de schiste micacé,
dont les feuillets sont très minces, traversés
et dérangés par tous les filons d'argent: c'est
ce que j'ai principalement observé dans la
mine *Glokkenklang* et *treue Freundschaft*.
Cela prouve que ces filons sont plus anciens
que les filons d'argent. De puissants filons
de porphire, se trouvent à *Marienberg* principalement à *Bobershau;* on les connoit,
dans ce pays, sous le nom de *filons calcaires
(halchgänge)*. J'ai trouvé des filons de basalte dans le *Plauischen-Grund* auprès de
Dresde. Il y a une grande quantité de filons
de wakke dans notre *Erzgebirge*, principalement à Annaberg, Wiesenthal, Joachimsthal; ils traversent tous les autres filons métalliques, et sont parconséquent d'une très
nouvelle formation. Pour les filons de *grünstein* j'en ai vu auprès de Bautzen, non seulement dans le voisinage de la Sprée, mais encore auprès d'une carriere de pierres, devant la ville sur la route de Görlitz. [42])

---

42) Dans la partie des montagnes de Schneeberg, qui
est située au sud-est, il se trouve deux filons très
puissants de schiste argilleux. Ces filons portent le
nom de *Ameiser* et *Herfülstkluft*. J'ai également
vu quelques filons de schiste argilleux dans les montagnes de Hartenstein. (*Nouvelle augmentation de
l'auteur.)*

§. 50.

Septieme preuve.

La formation assignée aux espaces, qu'occupent les filons, est encore incontestablement démontrée par la manière d'être des filons les uns à l'égard des autres :

ils se traversent, se croisent, se dérangent mutuellement et se jettent hors de leur direction primitive; dans leurs intersections, ils se ramifient, se joignent, s'unissent et se trainent ensemble ou s'interceptent les uns les autres.

Toutes ces particularités, sont les *effets d'une fente nouvelle, sur une fente plus ancienne,* qui étoit déja remplie entierement ou en partie; il est très aisé d'en rendre raison en admettant cette explication, il seroit impossible de le faire dans toute autre hypothèse.

Lorsqu'un filon en traverse un autre, et c'est toujours le cas lorsque deux filons se croisent, voici comme j'explique le phénomène. Il existoit déja dans la roche un filon, (c'est-à-dire une fente entierement pleine et fermée,) lorsque la roche est venue à se fendre de nouveau; cette nouvelle fente ou crevasse qui avoit une direction différente de celle de la premiere, s'est continuée au travers de l'ancien filon, s'est ensuite également remplie de nouvelle matiere, et est ainsi devenue un second filon. Le dernier filon (ou le plus nouveau) traverse ainsi le premier (ou le plus ancien), et le premier est traversé par le dernier ou le plus nouveau. (voyez §. 32.)

La nouvelle fente ayant coupé et divisé la roche en deux parties, si une de ces deux parties de la roche, emmenant avec elle la partie du filon qu'elle renferme, a éprouvé un affaissement ou dérangement, cette partie de l'ancien filon ne se trouvera plus sur le prolongement de la portion du filon renfermée dans la partie de roche qui est restée immobile. Ainsi l'on dit que le nouveau filon a *dérangé* le premier ou qu'il l'a *jetté hors de sa direction.*

S'il existoit une fente entièrement ou en partie vide, lorsque la roche s'est fendue une seconde fois dans une direction, qui a traversée la premiere fente, alors le toit et le mur de la nouvelle fente se trouvent interrompus et coupés par l'ancienne, et ils n'ont pu soutenir le poids de la roche qui les pressoit, de sorte qu'il s'en est détaché quantité de grosses pieces ou de grandes plaques, (si l'on peut employer cette expression,) qui se jettant vers l'intérieur de la fente, l'ont rétrécie, et ont laissé de nouveaux vides entr'elles et la roche; ces nouveaux vides sont autant de fentes latérales. Lorsqu'enfin celles-ci se sont aussi remplies et fermées, que par-conséquent elles sont devenues filons, le nouveau filon semble être divisé là, où elles se trouvent; dans le langage des mineurs on dit que le filon s'est *ramifié*, ou (qu'il est en fragmens, et que dans tel endroit il a été mis en fragmens par tel autre filon.) Le nouveau filon peut être la cause que l'ancien, s'il étoit encore ouvert, s'est ramifié, tout comme celui-ci peut être la cause de la ramification du second ou nouveau.

Lorsqu'une nouvelle fente, en se formant dans une roche, va jusques à un filon déja existant, qu'elle se continue dans le filon et s'y prolonge plus ou moins pour reprendre son chemin dans la roche, enfin que remplie de minéraux, elle est devenue un filon; alors on dit en allemand que les deux filons *sich scharen* ou *sich anscharen*, on pourroit rendre cette expression en disant que deux filons *se joignent*. Lorsque deux filons se coupent en formant un angle fort aigu les allemands disent encore que les filons *sich schaaren*.

G

Là, où un filon continue sa route immédiatement à coté d'une autre, que ce soit dans toute son étendue ou seulement depuis un certain point jusques à un autre, on dit que ces deux filons *se joignent et se trainent*, (*sich schleppen.*)

Enfin si un filon déja existant, soit par la solidité ou le peu de tenacité de sa matiere, empêche une nouvelle fente d'aller plus loin et que parconséquent il l'arrete, lorsque cette fente est devenue filon, on dit du premier qu'il *coupe, arrete, intercepte (abschneide)* le second.

§. 51.

Huitieme preuve.

Les rapports ou maniere d'ètre des filons à l'égard de la roche, et notamment à l'égard de ses couches prouvent encore évidemment que les filons ont été des fentes En effet lorsqu'un filon traverse les couches de la roche, il arrive presque toujours que la partie d'une couche, qui est dans la roche adjacente au toit, se trouve plus basse que la partie de cette même couche, qui est dans la roche adjacente au mur: cette différence de niveau, entre les parties d'une même couche, est d'autant plus considérable que le filon est plus puissant. On peut plus aisément observer cette particularité dans des roches, dont les couches hétérogenes différent les unes des autres par leur couleur et leur apparence extérieure. Ce phénomene cause souvent de l'embarras et de la confusion dans la pratique; et le mineur est obligé d'y avoir égard.

Cela se voit rarement d'une maniere mieux marquée qu'à Zinnwalde. Lorsque les couches d'étain y sont traversées par des filons, il arrive toujours que la partie d'une couche qui est au toit s'est affaissée et est plus basse que la partie de la même couche qui est au mur; la différence est d'autant plus considérable que le filon est plus puissant.

Cette particularité se présente encore très fréquemment et d'une maniere frappante dans les montagnes de *Saalfeld*. La montagne secondaire de schiste cuivreux, que l'on trouve dans ce lieu, renferme une très grande quantité de filons, qui ont été jusqu'à présent l'objet d'une exploitation considérable et dont quelques uns sont assez importans. Cette montagne se trouve en quelque sorte adossée à la montagne primitive appellée *Fichtel-*

gebirg, qui en est éloignée environ d'une lieue vers le midi, elle paroit en faire le pied. (Cette montagne du *Fichtelgebirge* porte déja dans cet endroit le nom de *Thüringerwald* et est d'une élévation assez considérable. Les filons qui traversent les montagnes secondaires de Saalfeld suivent presque la même direction que la montagne primitive, de sorte qu'ils sont à peu près paralleles entr'eux : leur inclinaison suit la pente de la montagne, et les couches de la roche du toit sont plus basses que celles qui leur sont analogues dans la roche du mur. Cela prouve incontestablement que ces filons ont été autrefois des fentes, produites par le poids de la masse de la montagne, qui ayant cedé du côté libre, c'est-à-dire, du côté le moins sontenu, s'est diversement fendue et affaissée. Plusieurs fentes qui sont dans le voisinage du filon sont encore ouvertes, de sorte qu'elles procurent un courant d'air naturel, assez fort pour éteindre les lumieres de ceux qui passent devant; elles tiennent encore quelquefois lieu de galerie pour l'écoulement des eaux.

On voit encore, dans les mines de houille auprès de Dresde, que les couches, qui sont traversées par des filons, présentent le même phénomene que celles de Zinnwald et de Saalfeld.

§. 52.

Neuvieme preuve.

En considérant attentivement la structure intérieure des filons, qui sont composés de plusieurs especes de fossiles; on voit que les filons ont été d'abord des fentes ouvertes, qui se sont ensuite remplies peu-à-peu. Ces filons sont composés de couches paralleles aux saalbandes ou lisières; leurs cristallisations font évidemment voir que ces couches ont été appliquées successivement les unes sur les autres et qu'ordinairement celles qui sont immédiatement sur les saalbandes ont été formées les prémieres.

J'ai observé cette régularité de structure dans plusieurs et même dans le plus grand nombre de filons. Dans le district de Freyberg on le trouve d'une maniere bien marquée surtout dans les filons de *Segen-Gottes* à Gersdorf, le *Gregorius* filon septentrional *d'Alter-grüner-Zweig* et le filon d'agate auprès de Conradsdorf. Je possede un échantillon du filon de *Segen-Gottes* à Gersdorf, dans lequel, à compter du milieu, (qui consiste en deux couches de spath calcaire où l'on voit

de petites druses de distance en distance,)
on trouve placées les unes sur les autres et
dans le même ordre de chaque côté treize
couches de fossiles différents, tels que spath
fluor, spath calcaire, spath pesant, galene
etc.; Dans le filon septentrional *Grego-rius* les deux couches, attenant aux saalbandes, consistent en quartz cristallisé, puis et
par dessus se trouve de chaque côté une couche de blende-noire mêlée de pyrite sulfureuse; par dessus on voit de la galene, puis du
spath brunissant, puis encore de la galene,
et même de la mine d'argent grise, de la
mine d'argent rouge, du *glaserz* aigre, la
couche du milieu et parconséquent la plus
nouvelle est de spath calcaire. Cependant
il manque quelque fois l'une ou l'autre de
ces couches.

CHAPITRE CINQUIÈME.

*Nouveaux détails et éclaircisse-
ments sur les preuves déja données et sur la théorie qui en découle.   Réfutation de quelques
objections.*

§. 53.

Des changements qu'ont éprouvé diverses fentes.

Pour se faire une idée plus juste et
plus exacte de la théorie, que nous avons
exposée dans les deux chapitres précédents,
sur la formation de *l'espace qu'occupent
les filons*, il ne faut pas perdre de vue,
que plusieurs des fentes, qui constituent
l'espace ou le volume dans le quel on voit
aujourd'hui les filons, ont été *originairement plus larges* et *qu'elles se sont ensuite rétrécies;* que d'autres au contraire
sont devenues de *plus en plus larges,*
peut-être dans le tems même qu'elles se
remplissoient; que la plupart des *ancien-*

nes fentes étoient déja remplies et par-conséqnent entièrement *refermées*, lors-qu'il s'en est *fait de nouvelles*, soit le long des anciennes, soit en travers; et qu'enfin de pareils événements ont dû se répéter souvent.

§. 54.

Formation des fentes collatérales.

Dans des fentes larges et considéra-bles, principalement lorsque leur inclinai-son se rapprochoit de l'horisontale, le toit ne se trouvant point soutenu, a dû céder à l'action de son poids : cet affaissement aura produit plusieurs fentes ou crevasses, qui aboutissant dans la fente principale for-ment des *fentes collatérales.*

Il est très vraissemblable que les filons de *Freudenstein*, *Isaac* et autres qui aboutissent au puissant filon *Halsbrückner Spath*, qui courent dans la roche de son toit et sont remplis de la même matiere, il est, dis-je, vraissemblable que ces filons ne sont que des *fentes collatérales*, produites par l'affaissement du toit du filon principal. Le toit d'un filon en cedant ainsi à son poids et se rapprochant du mur a dû rétrécir la fente principale. Au reste on voit souvent en petit de pareilles fentes collatérales : dans des filons étroits on peut les suivre jusqu'à leur extremité, ainsi que je l'ai souvent fait.

§. 55.

Formation de nouveaux filons le long des anciens.

L'on trouve des exemples évidents de filons formés immédiatement le long (dans ou à côté) des filons plus anciens, et qui ne font avec eux qu'un seul et même corps. On le voit notamment à Rothenberg près de Schwarzenberg dans le filon *Johannisgang*, dont une partie de la masse bien distincte du reste est appellée le *gelber et rother Trum*; à Marienberg dans le *Einhörnergang*, filon consistant en deux masses de filon bien distinctes et immédiatement placées l'une à côté de

l'autre : une de ces masses porte des minérais d'étain et l'autre des minérais d'argent. Dans la mine de Morgenstern, près
de Freyberg, le filon *Abraham*, traine avec
lui une masse appellée *grober et Spath-
gang*.

§. 56.

Causes de la variation dans la largeur des filons.

La différence, quelque fois si considérable, dans la largeur ou puissance d'un
même filon, peut provenir de ce que dans
une fente, qui avoit quelque courbure,
le toit ou le mur ayant éprouvé un affaissement, ou tout autre dérangement, il
s'est trouvé une concavité vis-à-vis d'une
concavité et une convexité vis-à-vis d'une
convexité ; ou bien encore il a pu se déta-
cher du toit ou du mur de grands morceaux de roche qui ont élargi la fente aux
endroits, d'où ils se sont détachés, et qui
l'ont rétrécie dans les endroits où ils se
sont arretés.

§. 57.

Détermination de la force qui a produit les fentes.

On peut déterminer à peu près mécaniquement la position et la direction des forces, qui ont fendu les roches et produit ainsi l'espace qu'occupent les filons. Car, si l'on considere avec attention, non seulement l'inclinaison et la direction presque parallele des principaux filons d'une même formation dans une même contrée, mais encore l'inclinaison et la direction de chaque filon en particulier, l'on sera en état de déterminer et d'assigner assez exactement l'endroit, d'où partoit la force qui a fendu la roche, et la direction qu'elle a prise : cette force n'est autre chose que le poids d'une partie considérable de la roche, qui ne s'est pas trouvée assez soutenue.

En effet,

1. La force, qui a produit une fente, existoit nécessairement dans la partie qui forme le toit de la fente produite.

2. Cette force (c'est-à-dire la pression provenant du poids d'une masse qui s'augmentoit, ou qui n'étoit pas assez soutenue, ou qui est venue à perdre une partie de son appui) a exercé son action en écartant du toit de la fente une partie du rocher et en la poussant vers le côté le plus libre ou le moins soutenu.

3. La direction de la force, qui a produit la solution de continuité, passoit par le centre de gravité de la masse, qui pressoit, ou plutôt de la masse qui se détachoit: on peut s'imaginer que cette force agissoit dans un plan passant par le milieu du toit de la fente produite, perpendiculaire à la ligne principale de direction; parconséquent ce plan passoit encore par la ligne d'inclinaison.

Il seroit peut-être possible de marquer dans ce plan une ligne, qui représenteroit à peu près la direction de la force.

§. 58.

De l'adhérence de certains filons à la roche contigue.

Je vais maintenant répondre aux objections que quelques minéralogistes font ou peuvent faire contre la formation des filons, considerés comme ayant été originairement des fentes. Ce qui entre autres choses a porté les géognostes à élever quelques doutes sur cette formation, c'est l'adhérence intime que l'on voit entre certains filons et la roche qui les enveloppe. Ces géognostes m'objectent également les fentes, qui traversent certains filons puissants. La cause de ces deux phénomenes est bien aisée à trouver et par conséquent le spécieux des objections à dissiper.

L'union entre le filon et la roche, qui est en effet quelque fois si intime que la matiere du filon et celle de la roche semblent fondues ensemble, si l'on peut s'exprimer ainsi, cette union, dis-je, provient de l'homogénéité entre les substances du filon et de la roche, ainsi que de leur peu d'ancienneté. Dans les endroits, où cette particularité a lieu, la roche a exercé une attraction très forte sur la substance du filon, qui s'étoit introduite dans la fente; elle s'est intimement unie avec elle, de sorte qu'elles ne paroissent faire qu'un corps; du moins il paroit fort difficile de tirer une ligne de démarcation entre la roche et le filon. Les filons de quartz et de hornblende sont particulièrement dans ce cas, lorsqu'ils gîssent dans des roches d'un gneis quartzeux et peu ancien; mais dans cette même roche les filons de pyrites ne présentent jamais ce phénomene, qui au reste est assez rare. Le plus souvent le filon et la roche sont très distinctement séparés l'un de l'autre, il y a même quelquefois entr'eux de petites couches d'un limon, que l'on nomme *Besteg* ou lisieres des filons. De plus un filon est rarement uni et fortement adhérent au rocher dans toute son étendue; cela n'a lieu que dans certaines parties.

§. 59.

Des fentes qui traversent les filons.

Quant aux fentes transversales, que l'on voit dans de puissants filons, d'abord elles sont extrêmement rares, et elles proviennent vraissemblablement de la cause suivante. Lorsque les filons ont été totalement formés, ils ont pu être exposés à de violentes secousses, qui se seront propagées, dans le sens de la stratification de la roche, au travers du filon. L'effet naturel de ces secousses, qui agissoient inégalement sur la masse du filon, a été de produire les fissures et fentes transversales en question.

§. 60.

De la grande puissance de certains filons.

Je ne crois pas que la grande puissance ou épaisseur de certains filons puisse paroitre à qui que ce soit une raison de ne pas admettre la formation des filons, telle que nous l'avons expliquée.

Mais si cela étoit, on n'a qu'à considérer que les filons les plus puissants, pris en
eux mêmes (c'est-à-dire, abstraction faite
des autres filons, qui pourroient s'y trouver réunis) et sans égard à leurs ramifications, n'excédent guères, dans leur puissance ordinaire, une épaisseur de trois toises. Quelle petite épaisseur en comparaison de l'immense volume de la masse de
montagnes dans lesquelles ces filons se
trouvent !

> L'on voit fort rarement de vrais filons, qui,
> pris en eux mêmes, aient une épaisseur de
> plus d'une toise. Parmi plus de cent filons
> dans nos montagnes de Freyberg, à peine en
> connois-je quelques uns qui soient aussi puis-
> sants. Dans l'immense quantité de filons,
> que j'ai vus en Saxe et ailleurs, je n'en ai
> trouvé encore aucun, dont la puissance ait
> trois toises dans sa largeur ordinaire; bien
> entendu que je n'ai point égard aux branches
> et filons accompagnants.

> Dans l'estimation de la puissance d'un
> filon il ne faut pas comprendre la roche adja-
> cente, lorsqu'elle se trouve en quelque sorte
> décomposée ou même impregnée de miné-
> rai. Il ne faut pas non plus mesurer la puis-

·sance d'un filon, dans les endroits où il a une largeur plus qu'ordinaire, ni dans ceux où il se ramifie. Encore moins faut-il faire entrer dans l'estimation de cette puissance les branches accompagnantes; car par ces diverses manieres on trouveroit bien des filons d'une largeur de plusieurs toises.

La fameuse Druse ou caverne de Joachimsthal offre un exemple de la grandeur du volume, que peuvent produire les jonctions et intersections de plusieurs filons, surtout si dans ces intersections il se détache des morceaux considérables de roche. La caverne singuliere et fermée de tous côtés, qu'on a trouvée dans le *Hohetanner Gruben - feld*, en poursuivant la cinquieme galerie, percée dans le riche filon d'argent *Andreas*, et à 250 toises de profondeur, cette caverne, dis-je, d'où il s'est écoulé une immense quantité d'eau, a, suivant ce qu'on dit, 11 toises de long, 9 toises de large, sa hauteur, qui n'est pas encore connue, excede de beaucoup 12 toises. Je n'ai pu pénétrer dans cette caverne que d'environ deux toises; parceque le fond étoit rempli de décombres, et d'ailleurs les nombreux morceaux de rocher, qui menacent ruine, rendent le passage ultérieur si dangereux, qu'on ne le permet à personne. Mais je vis cependant bien qu'elle pouvoit avoir la grandeur qu'on lui attribue. Je remarquai de plus qu'elle avoit une forme al-

H

longée et applatie comme un filon, que son inclinaison étoit presque verticale, que la roche, qui en formoit le toit et le mur, étoit toute crevassée; c'est de là que provenoit la quantité de décombres et de roches dont elle étoit remplie; enfin plusieurs filons, entr'autres un filon de wakke, la traversent, s'y joignent et s'y croisent. Il me semble d'après cela que cette caverne ne peut avoir d'autre origine que celle que je lui attribue. La roche, dans laquelle elle se trouve est, autant que je m'en puis rappeller, une espece de schiste argilleux, tirant sur le schiste micacé. Ferber en donne une déscription assez détaillée dans sa Géographie minéralogique de la Boheme. 43)

On trouve dit-on dans le *Oberhartz* et dans la Basse-Hongrie à *Schemnitz* des filons d'une puissance extraordinaire. *Le Burgstädter-gang* passe pour le plus puissant filon du Hartz. Lasius dit qu'en plusieurs endroits il a depuis 20 jusqu'à 50 toises d'épaisseur, mais auparavant avertit il qu'on pourroit le regarder tout aussi bien comme un assemblage ou tissu de plusieurs autres filons, que comme un seul filon.) Il est

---

43) Joh. Jac. *Ferbers Beiträge zu der Mineralgeschichte von Böhmen*, Berlin 1774. p. 74 et 75.

44) Dans l'ouvrage mentionné ci-dessus Tom, II. p. 305 et 306.

décidé que le grand gîte ou bloc de minérai dans le *Rammelsberg* n'est point un filon; il est vraissemblable que ce bloc y a été déposé et formé comme un bloc ou quartier de roche. Pour le filon *Spitaler Hauptgang*, le plus puissant de tous les filons de Schemniz, Borne dit dans ses lettres page 185 que dans le *Pacherstolner Feld*, lieu où il est le plus large, il peut avoir 14 toises d'épaisseur, et 18 si l'on y comprend les coins ou morceaux de roche qu'il renferme. Ainsi ce filon, dans le lieu où il a cette épaisseur, est aussi un assemblage de branches. Mais je ne suis pas même bien convaincu que les trois puissants filons de Schemnitz soient de vrais filons. Plusieurs circonstances, entr'autres l'égalité de leur direction et de leur inclinaison, leur peu de chute et leur grande épaisseur, me font présumer, qu'ils pourroient bien être des couches métalliques.

Au reste lorsque je viens à réfléchir à l'immense étendue de la masse des montagnes, et à la force extraordinaire, qui doit résulter quelque fois de leur poids, je m'étonnerois qu'il n'y eût pas des filons plus puissants que ceux dont je viens de parler, si je n'en trouvois une cause certaine que voici: apparemment les fentes, dans lesquelles se sont formés les filons, étoient autrefois incomparablement plus larges : mais tant qu'elles ont resté ouvertes le rocher, principalement celui du toit, cedant à l'action qui le pressoit, a dû nécessairement rétrécir les fentes, et les reduire à n'avoir plus que la petite largeur, que présentent aujourd'hui les filons.

§. 61.

Réponse à une objection faite contre la préexistance des fentes.

Enfin je ne crois pas que quelqu'un, après avoir lu ce que je viens de dire, et après y avoir mûrement réfléchi, vienne encore faire l'objection suivante. ,,Lorsque ,, deux filons convergens dans leur inclinai- ,,son se coupent, et qu'à une certaine di- ,,stance ils sont encore traversés à angle ,,droit par deux autres filons distans l'un ,,de l'autre ; alors un morceau de rocher, ,,de forme prismatique, se trouve comme ,,isolé et séparé du reste de la masse de ,,la montagne. Or, dira-t-on, si les

„filons ont été des fentes vides, il a fallu
„que ce prisme de rocher, dénué de tout
„appui, se soit soutenu en l'air, jusqu'à
„ce que la matiere, qui compose les filons
„et qui entoure le prisme, ait rempli au
„moins en partie les fentes : ce qui est ab-
„solument impossible. "

Je répondrois à une pareille objection,
à laquelle cependant je ne m'attends plus,
que, lorsqu'on veut combattre une théorie
par des faits, il faut d'abord et de toute
nécessité prouver l'existence réelle de ces
faits, et dire le lieu où l'on peut les voir.
Car autrement ou pourroit supposer des
faits qui sont contraires à la nature des
choses, (du moins tels qu'on les rapporte)
qui parconséquent ne peuvent exister, et
ne peuvent servir à combattre une explication. C'est précisemment le cas de cette
objection, où l'on suppose des fentes, qui
ont non seulement des directions et incli-
naisons différentes, et qui se croisent plusieurs fois, mais où l'on veut encore, qu'elles aient eû lieu en même tems. Partout

où j'ai vu des filons d'une puissance considérable et qui se croisoient, j'ai toujours trouvé qu'ils avoient été formés dans des tems différents. Car lorsque deux filons d'une direction ou inclinaison différente vont à la rencontre l'un de l'autre, il y en a un qui passe au travers de l'autre; il peut ensuite lui même être traversé par un troisieme de formation subséquente, celui ci par un quatrieme, qui sera encore de formation postérieure, ainsi de suite : de sorte qu'on voit que la première fente étoit remplie lorsqu'elle a été traversé par la seconde; celle-ci l'étoit également lorsque la troisieme s'est faite, ainsi de suite. J'ai pris en outre des renseignements auprès de plusieurs observateurs instruits sur cette maniere d'être des filons dans d'autres montagnes, et l'on m'a toujours répondu que lorsque deux filons se croisoient, il y en avoit toujours un qui traversoit l'autre, et avoit été parconséquent formé dans un tems postérieur.

Il est d'ailleurs naturel de croire que,

lorsqu'une montagne s'est fendue à plusieurs reprises différentes, cela s'est fait chaque fois en vertu d'une seule et même force, qui a exercé son effort dans une seule direction. Parconséquent tous les filons, qui ont été formés à une même époque, doivent être paralleles ou presque paralleles. Si cela est réellement, lorsque des filons se croisent plusieurs fois, ou qu'ils sont convergens, alors il faut qu'ils aient été formés à des époques différentes, de sorte qu'il n'y a pas la plus petite difficulté à regarder ces filons mêmes, comme ayant originairement été des fentes ouvertes.

On peut même, s'il n'est question que de petits filons, admettre le cas objecté, et supposer que les filons, qui, en se croisant, isolent un morceau de rocher, ont été formés en même tems : cela ne contre-dira nullement la formation, que nous attribuons aux espaces qu'occupent les filons, en les regardant comme des fentes produites dans la roche. En effet il

est poisible de concevoir, qu'un morceau
de rocher séparé du reste de la masse de la
montagne, par des fentes qui l'entourent,
a pu se soutenir, jusqu'à ce que les fentes
aient été remplies de matiere minérale et
que cette matiere se soit endurcie. On
n'a pour cela qu'à supposer que, lorsque les fentes se sont formées, il s'est toujours détaché de la roche quelques fragments, qui, placés dans les fentes, auront
empéché le contact des parois, qui se seront ainsi tenues écartés les uns des autres.
De plus les parois d'une fente ne sont pas
d'ordinaire entierement plans et unis, ils
sont raboteux et couverts d'éminences:
ainsi dès qu'une fente s'est faite, si une des
parties de la roche fendue a éprouvé quelque mouvement, il peut très bien se faire
que, quelques éminences s'étant trouvés vis-
a-vis d'autres éminences, aient empéché
les deux parties de la roche fendue de se
rejoindre; il sera resté un vide entr'elles.
Ainsi il est très possible d'imaginer que
les filons, qui entourent un morceau de

t roche, ont été des fentes qui se sont formées dans le même tems, et qui du moins
en partie se tiennent ouvertes, par ellesmêmes.

CHAPITRE SIXIEME.

*Preuves que les espaces, qu'occu-
pent les filons, ont été remplis par
le haut.*

§. 62.

Je passe maintenant à l'exposition des
preuves de la seconde proposition principale de ma théorie, savoir aux preuves de
cette proposition.

*La substance des filons a été formée
par une suite de précipités, qui
sont entrés par le haut dans l'espace ou fente qu'occupent les filons.
Ces précipités ont été fournis par
une dissolution aqueuse presque toujours chimique, qui couvroit la contrée où se trouvoient ces fentes,*

et qui les remplissoit en même tems.

Je ne rapporterai ici que trois preuves de cette proposition, et je crois qu'elles suffiront pour l'établir entierement.

Je pose d'avance, pour montrer l'incontestabilité de ces preuves, principalement de la premiere, cette proposition de géognosie, proposition évidente et universellement reçue :

Toutes les montagnes secondaires ainsi que toutes les autres montagnes qui leur ressemblent par leur structure stratifiée, et par la nature de leurs parties intégrantes, toutes ces montagnes, dis-je, sont formées d'un assemblage de sédiments et précipités, provenant des eaux qui couvroient le globe. Chaque sédiment a formé une *strate* (couche) particuliere, et toutes ces *strates,* telles qu'on les voit accumulées les unes sur les autres, sont, à partir du bas, une suite de sédiments qui ont été formés les uns après les autres, ou mieux déposés les uns sur les autres.

Pour comprendre parfaitement et être en état de juger la théorie que je vais donner (au sujet de la maniere dont les filons ont été remplis, ou sur la formation de la masse qui les compose), il faut de plus bien connoitre la différence qu'il y a entre une précipitation chimique et une précipitation mécanique, il faut avoir des notions exactes sur les corps simples et élémentaires de la chimie, se rappeller qu'ils ne sont point susceptibles de transmutation ; il faut posséder la théorie de la dissolution et de la précipitation, théorie fondée sur les affinités chimiques ; et principalement il faut ne pas ignorer, qu'une seule et même dissolution peut fournir non seulement tout à la fois, mais encore successivement des précipités de nature différente.

§. 63.

Première preuve.

Lorsque des montagnes et des contrées

entieres, dans lesquels il y avoit des fentes ouvertes, étoient couvertes par des eaux, qui tenoient en dissolution diverses substances, et que ces substances se sont précipitées, il a bien fallu de toute nécessité, que les précipités entrassent et se déposassent dans les fentes. Toutes les couches et *strates* des montagnes secondaires aussi bien que des montagnes primitives sont des précipités; et ces précipités (presque tous chimiques et faits par la voie humide) proviennent des dissolutions, qui couvroient entièrement les contrées où ces couches, lits, *strates* se trouvent; ces dissolutions s'étendoient même bien au delà. Comme je l'ai déja dit précédemment, (§. 39. et 40.) il s'est formé de tems en tems des fentes dans les montagnes, principalement vers la premiere époque de leur existence, en sorte qu'en différents tems il a existé des fentes qui étoient ou entierement vides et ouvertes, ou en partie remplies. Lorsque ces fentes étoient couvertes par les dissolutions qui, par des précipitations successives, ont formé les couches et *strata* des montagnes secondaires et primitives, les diverses matieres qui étoient contenues dans ces dissolutions (matieres dont la nature a varié dans les différents tems) se sont précipitées dans les fentes et les ont peu à peu remplies : la nature de ces matieres dépend entièrement de la nature du précipité qui les a portés, et parconséquent aussi de celle de la dissolution, qui précisément dans ce tems, a fourni le précipité. Voila pourquoi nous trouvons dans les filons presque les mêmes fossiles, qui (comme précipités) forment les couches, strates etc. des montagnes.

Trois causes importantes, et qu'il ne faut pas perdre de vue dans l'examen de cette théorie, peuvent avoir occasionné quelques différences entre la matiere des filons et celle des couches. 1. Les précipitations et dépots, qui ont produit les filons, se sont faits beaucoup plus tranquilement que ceux, qui ont produit

les couches. 2. Les dissolutions et précipités mécaniques ont beaucoup moins
troublé la formation des filons. La grande
quantitée de cristaux (§. 41.), la nature
des fossiles que l'on trouve dans les filons
décélent une formation plus tranquile, plus
pure, et faite avec plus de liberté. 3. Les
espaces, dans lesquels se sont formés les
filons, ont conservé plus long-tems la fa-
culté de recevoir et de retenir des dissolutions, une dissolution épuisée, ils ont pu
en recevoir une autre: aussi les filons ren-
ferment-ils souvent des fossiles de différentes formations, tandisque les couches des
montagnes ne contiennent chacune qu'un
fossile d'une même formation, et leur
masse est beaucoup plus uniforme que
celle des filons.

§. 64.

Identité de la matiere des filons et des cou-
ches (des roches.)

Si nous comparons les précipités, quisous
la forme de sédiments constituent la masse

des montagnes, avec la substance des filons, on trouvera, dans la plûpart, si ce n'est dans tous, une analogie et ressemblance frappante. L'on trouve, comme nous l'avons déja remarqué, à Johangeorgenstadt des filons d'un granit de nouvelle formation, à Marienberg des filons remplis d'un vrai porphire. A Wehrau dans la haute Lusace il y a des filons de houille; à Aehlen dans le Canton de Berne on voit des filons de sel gemme. Cette grande révolution de la nature, qui a produit les montagnes de trap ou basalte, a très vraissemblablement occasionné une infinité de fentes; aussi trouvons nous, presque dans toutes les montagnes, une grande quantitée de filons remplis des matieres qui forment les montagnes de trap, tels sont le basalte, la wakke, le *grünstein*, *le mandelstein.* (pierre amygdaloïde.) Enfin on sait assez, combien il y a de filons qui sont uniquement composés de quartz, de spath calcaire, d'argille, etc.

§. 65.

Suite.

Je viens de faire voir que des fossiles, que l'on trouve communément dans les couches et masses de montagnes, se trouvent encore dans la masse des filons. Je vais maintenant montrer, par des exemples, que la plûpart des autres fossiles qui forment les filons se trouvent également dans des couches.

La galene est souvent contenue dans les couches (flözze) des montagnes, comme on le voit dans nos montagnes de Geier, de Schwartzenberg, en Suède et en plusieurs autres endroits, ainsi que dans les montagnes secondaires de Cracovie et des Ardennes.

La mine d'étain se trouve également dans les lits et couches de nos montagnes, à *Gieren* en Basse-Silésie et dans plusieurs autres lieux.

Tous les différents minérais de cuivre se trouvent fréquemment en couches dans les montagnes primitives et secondaires.

Dans les montagnes primitives on en voit des exemples à *Gishübel* dans le *Erzgebirge*, en Boheme à *Kupferberg*, dans la Silésie, le Bannat, la Haute-Hongrie, en Suede, en Norwege. Dans les montagnes secondaires on a encore des minérais de cuivre en couches dans le comté de Mansfeld, dans la Thuringe, dans les montagnes de Cracovie à *Medziana-Gora*; de plus dans celles d'Ural en Russie et dans plusieurs autres pays.

La mine de fer brune, et la mine de fer spathique qui se trouvent si souvent, principalement la derniere, dans les filons, se voient également à Kamsdorf, Schmalkalde, *Eisenerz* et ailleurs, tant dans les couches, que dans la masse de montagnes.

De peur d'être trop long je ne m'étends pas davantage sur cet article, car je pourrois citer de pareils exemples pour tous les métaux: les pyrites arsénicales, la blende, l'or-natif, le cinabre, le cobalt et plusieurs autres se trouvent fréquemment en couches. Je remarquerai cependant en core que le spath calcaire et le spath-fluor, que l'on voit si fréquemment dans les filons se trouvent en couches très considérables, le premier en Savoie, le second en Baviere et dans le *Thüringer - Wald.*

§. 66.

Seconde preuve.

Lorsque des filons sont remplis de vrais galets ou pierres roulées, comme (§. 44.) on le voit à Joachimsthal et dans d'autres endroits ; lorsque les filons renferment des pétrifications (§. 47.) ; il n'est pas possible de s'imaginer que ces fossiles aient pu pénétrer dans les filons autrement que *par le haut.*

§. 67.

Troisieme preuve.

La plûpart des filons, composés de plusieurs fossiles, sont, ainsi que je l'ai déja observé précédemment (§. 54.), formés par un assemblage de couches paralleles aux saalbandes (parois). Ces couches, à partir de chaque saalbande, sont rangées dans le même ordre de chaque côté; les correspondantes des deux côtés sont de même nature et épaisseur. Les couches extrèmes, c'est-à-dire celles qui touchent les saalbandes, sont plus minces vers le haut, elles deviennent plus épaisses à mesure qu'elles s'enfoncent, et plus bas encore elles finissent quelquefois par se joindre et se confondre. Les cristaux et leurs empreintes font voir que les couches, qui sont les plus proches des saalbandes, ont été formées les premieres, puis et successivement les suivantes, et finalement celles du milieu, entre lesquelles on voit encore des druses ouvertes.

J'ai déja dit (§. 52.), que je possédois trois échantillons des filons du district de Freyberg, dans lesquels la formation et structure, dont je viens de parler sont très distinctement marquées. Est-il possible d'expliquer cette ordre et cette régularité autrement, qu'en supposant, que les espaces, dans lesquels se sont formés les filons, ont été remplis de dissolutions chimiques; que ces dissolutions étoient de nature différente dans des tems différents, et que de ces dissolutions se sont successivement précipitées, les unes sur les autres, les différentes couches, qui constituent les filons. La premiere précipitation, ayant couvert d'une matiere solide les parois et le fond de l'espace, où s'est formé le filon, et ayant en quelque sorte muré et fermé l'orifice des prétendus canaux déférents, qui aboutissoient dans les parois de la fente, par où les dissolutions subséquentes ont-elles pu y pénétrer autrement que par le haut?

CHAPITRE SEPTIÈME.

Réponse aux objections, que l'on a faites, ou que l'on peut faire, contre l'explication, que je viens de donner, au sujet de la maniere dont les filons ont été remplis.

Continuation de l'exposition de ma théorie sur la formation des filons en général, et en particulier sur la maniere dont ils se sont remplis de matieres minérales.

§. 68.

De l'origine des substances, qui, sous la forme de précipités, ont formé les filons.

Récapitulation de nos connoissances sur les filons.

On demandera peut-être d'où sont sorties ces particules métalliques, et tous ces minérais, qui étoient contenus dans les vastes dissolutions ou mers qui couvroient des pays entiers? On croira, par cette demande, faire une forte objection contre ce que je viens de dire sur la maniere dont les filons ont été remplis. A cela je répondrai que, quand même nous ne saurions pas d'où ces particules sont sorties, cela ne nous doit pas empêcher de reconnoitre l'existence d'un phénomene, que nous avons sous nos yeux avec toutes ses conséquences. Jamais l'ignorance, où nous sommes sur l'origine des particules métalliques et minérales, ne pourra servir à combattre le fait même. En attendant nous devons nous contenter de savoir, qu'à de certaines époques, les matieres qui ont formé les filons étoient réellement renfermées dans cette mer universelle, qui couvroit notre terre : du reste il faut attendre patiemment que de nouvelles observations nous apprennent (s'il est possible) d'où viennent les particules de cette matiere et comment elles ont été introduites dans la dissolution générale.

Dans toutes les recherches sur les effets de la nature et sur leurs causes prochaines et éloignées, à la fin l'on parvient à la recherche des causes dernieres, et c'est là où nous trouvons des bornes. Il est même déja difficile de trouver les causes éloignées de certains effets ou phénomenes.

Récapitulant l'état de nos connoissances, nous verrons que nous savons avec certitude :

1. Que les montagnes primitives et secondaires ont été formées par une suite de précipités et dépots successifs : que ces dépots et précipités proviennent d'une mer qui couvroit le globe, mer toujours existante, plus ou moins générale, et renfermant les diverses substances qui s'en sont précipitées. (§ 30. et 62.)

2. Que les fossiles qui forment les couches et strates des montagnes étoient dissous dans cette mer universelle, et qu'ils s'en sont précipités : parconséquent les métaux et les minérais, que l'on trouve dans les montagnes primitives, et dans les couches des montagnes secondaires étoient égale-

ment contenus dans cette mer, et ils s'en sont précipités. (§. 3o. et 62.)

3. Qu'à des époques diverses des fossiles très différents, tantôt des pierres, tantôt des minérais, tantôt d'autres fossiles se sont précipités. (§. 62. et 63.)

4. Que par la position qu'occupent ces précipités les uns sur les autres, nous sommes en état de dire positivement quels sont les précipités les plus nouveaux ou les plus anciens. (§. 62.)

5. Que la masse solide de notre globe a été formée successivement par une suite de précipités (formés par la voie humide); que la pression des matieres ainsi accumulées n'ayant pas été la même partout, cette différence de pression et le concours de plusieurs autres causes ont produit des fentes dans la masse du globe, principalement dans les parties de sa surface les plus élevées. (§. 3g. et 4o.)

6. Qu'il étoit impossible que les précipités, provenant de cette mer universelle, n'entrassent pas dans les fentes ou-

vertes, lorsque la mer étoit sur et parconséquent dans les fentes. (§. 30. et 63.)

7. Que les filons ont tous les caracteres des fentes; qu'entr'autres, ils ont été formés dans des tems différents et par les causes que nous avons rapportées. (§. 41. 42. 50.)

8. Que la masse et substance des filons est absolument de même nature que celle des couches et lits des montagnes (§. 64. et 65.); et que ces masses ne différent entr'elles qu'autant que le comporte la nature, la localité de l'espace où elles se trouvent. (§. 63.) En effet, la dissolution renfermée dans son grand réservoir (savoir dans cette excavation, qui renfermoit la mer universelle), étoit nécessairement exposée à beaucoup de mouvements, tandis que la partie de cette dissolution, qui remplissoit les fentes, y étoit fort tranquile et y déposoit tranquilement ses précipités : deplus dans le réservoir général il s'est répandu de tems en tems des dissolutions mécaniques, qui se sont souvent

combinées avec les dissolutions chimiques, et se sont précipitées avec elles ; mais ces dissolutions mécaniques n'ayant point pénétré dans les fentes, ou du moins n'y ayant pénétré qu'en très petite quantité, n'ont pu y troubler et altérer la précipitation, qui a tranquilement formé la masse du filon : de plus les précipités, qui ont formé les couches des montagnes, ont nécessairement déposé sur le fond du réservoir général des matieres compactes et massives, tandis-que la matiere, qui a formé la plus grande partie de la masse des filons, a commencé par se déposer peu à peu sur les parois des fentes, elle y a formé des druses : puis des fossiles de nature différente se sont *successivement* précipités les uns sur les autres : ces précipitations et les cristallisations, qui en étoient la suite ont rétréci, racourci et même entièrement rempli les druses antérieurement existantes. (§. 43. 52. 67.)

Enfin les lits et couches des montagnes, formés, comme nous venons de le dire, n'ont renfermé que des fossiles d'une seule formation, parconséquent ils ont dû être fort simples: les filons au contraire renfermoient, principalement dans leur partie supérieure, des druses, qui offroient une capacité propre à recevoir les formations subséquentes. Ces formations y ont été effectivement reçues en partie, elles y ont formé leurs dépots: de là viennent ces variétés multipliées, ces complications que présentent les masses des filons. (§. 43. 52 63.)

9. Nous savons, que les filons ont été formés dans des tems fort différents (§. 31. 50. 53.); que non seulement on peut reconnoitre les diverses formations de filons, mais encore que l'on peut en fixer l'âge relatif. (§. 51. et 32.)

10. Que de nouvelles fentes se sont formées dans des contrées, où des fentes plus anciennes étoient déja fermées, c'est à dire remplies (§. 50. et 53.); ces nouvelles fentes sont les causes de toutes les particularités que présentent les filons dans

leurs intersections, leurs rencontres, leurs jonctions, leurs dérangements (§. 5o. 5 r.). Nous savons que dans quelques filons déja remplis il s'est formé de nouvelles fentes, soit sur les saalbandes, soit dans le milieu des filons; ces nouvelles fentes ont été remplies par des formations subséquentes (§. 36. 53. 63.): de là viennent encore les *variétés*, que présentent les masses des filons en comparaison de celles des couches.

Telles sont les propositions principales de la nouvelle théorie de la formation des filons, propositions que nous avons démontrés dans ce traité : elles sont liées les unes aux antres, elles découlent les unes des autres, elles sont fondées et prouvées par les observations que nous avons rapportées. Cette théorie me semble un assez grand pas, fait dans la connoissance de la nature des filons, et parconséquent dans l'histoire naturelle de notre globe ou dans la Géognosie. Toute l'application que l'on peut faire de la théorie des filons, au travail de l'exploitation des mines, découle des propositions exposées dans la courte récapitulation que je viens de faire. Dans le neuvieme chapitre de ce traité, je ferai une application détaillée de ma théorie à la pratique de la science des mines. Le mineur pratique, qui est cependant le plus intéressé à une connoissance exacte de la nature des filons, peut se contenter de ces propositions principales, de leurs conséquences et applications : il peut les regarder comme une introduction suffisante à une étude plus exacte et plus soignée des filons, de leurs propriétés locales et particulieres. Cependant le Géognoste observateur, convaincu que les parties intégrantes des filons, des lits et couches se trouvoient renfermées dans une mer universelle, demandera non seulement d'où sont venues ces parties, mais encore dans quel tems elles y étoient contenues ? Le Géognoste, pourvu des connoissances chimiques nécessaires, et parconséquent convaincu de l'impossibilité où se trouve une substance élémentaire d'être transformée en une autre, le Géognoste, dis-je, verra qu'il ne peut y avoir que deux manieres de répondre à la question suivante. Dans quels tems, les substances métalliques, terreuses, pierreuses, qui ont été et sont encore en partie contenues dans la dissolution générale, et qui ont formé, non seulement des dépots sur le fonds du réservoir, mais encore qui se sont précipités dans les fentes des roches et les ont remplies, dans quels tems, dis-je, ces substances ont elles été contenues dans cette dissolution générale? On peut répondre : ou que ces substances ont été toutes ensemble et dès le commencement contenues dans la dissolution générale, ou bien qu'elles n'y sont entrées que de tems en tems, l'une après l'autre, et s'y sont trouvé en plus ou moins grand nombre à la fois. Si l'on admet la premiere réponse il n'est pas possible de comprendre, pourquoi, dès que la dissolution renfermoit au commencement toutes les matieres qui s'en sont précipitées dans la suite, pour-

quoi, dis-je, il s'est fait à diverses époques des précipités successifs d'une nature
si différente, sans qu'on puisse appercevoir entre la substance de deux précipités
consécutifs rien qui indique qu'une des
deux substances devoit rester plus long
tems en dissolution, ou que la précipitation de la premiere devoit entrainer la précipitation de la seconde. Ainsi il n'est pas
possible de voir, pourquoi il s'est précipité, dans une même montagne des fossiles
d'une nature si différente, et qui sont placés alternativement les uns sur les autres;
par exemple: pourquoi il s'est précipité tantôt du gneis, tantôt et uniquement de la
pierre calcaire, tantôt de la galene et d'autres minérais, tantôt de l'hornblende, tantôt de la mine de fer magnétique, tantôt
de la pyrite sulphureuse, tantôt du quartz,
tantôt du feldspath etc. qui tous ensemble
différent du gneis et alternent avec lui souvent à plusieurs reprises : tantôt de la
pierre calcaire, tantôt de l'argille, tantôt
de la marne, tantôt de la galene avec de

la calamine; ou tantôt de la craie, tantôt
du silex, ces fossiles alternant peut-être
plus de cent fois, et d'ordinaire dans une
de ces couches on ne voit pas la plus petite trace de l'autre. Il est donc bien plus
vraissemblable qu'à différentes époques la
dissolution universelle renfermoit des mé-
langes d'une nature toute aussi différente
que le sont les divers précipités, et que la
mer universelle a dissous tantôt une substance tantôt une autre; en un mot qu'en
des tems différents, différentes substances
sont entrées et restées dans la dissolution.

Ce que nous avons dit dans ce paragraphe fait
voir qu'on ne peut gueres étudier foncière-
ment l'histoire naturelle des filons, sans avoir
des notions exactes sur les montagnes, principalement sur les montagnes primitives et
secondaires, ainsi que sur leur formation.
Et de même que la connoissance de l'histoire
naturelle des montagnes répand un grand
jour sur l'histoire naturelle des filons, de
même et à son tour l'histoire naturelle des
filons donne beaucoup de lumieres sur l'histoire naturelle des montagnes. Pour étudier à fond celle-ci, il faut avoir des connoissances assez étendues, non seulement

sur les différentes especes de montagnes, sur les caracteres de leurs roches, de leurs parties et de leur ensemble, principalement sur leurs diverses especes de formations ; sur l'âge successif de ces diverses formations, ainsi que sur celui des montagnes de formation intermediaire ; mais encore sur les particularités de leur structure, c'est-à-dire sur leur stratification et leur superposition. C'est de cette supposition que l'on peut conclure l'âge relatif des différentes especes de montagnes. Quant à ce qui est de l'étude des diverses formations de montagnes en particulier, il faut commencer par les montagnes les plus nouvelles c'est-à dire par les montagnes d'alluvion et delà remonter successivement jusqu'aux plus anciennes. Ainsi des montagnes d'alluvion on passera aux montagnes secondaires les plus récentes, de celles-ci aux montagnes secondaires anciennes jusqu'aux montagnes primitives, que l'on étudiera également à commencer par les plus nouvelles et à finir par les plus anciennes. Le but que je me suis proposé et les limites de cet ouvrage ne me permettent pas d'en dire davantage sur cet objet. En exposant une théorie sur les filons, je dois supposer que l'on a une connoissance des montagnes ; elle est indispensable pour être entierement en état de juger de cette théorie.

K.

§. 69.

Réfutation de l'objection tirée du nombre des minéraux qui composent certains filons.

Maintenant on ne pourra plus faire contre ma théorie l'objection suivante : Lorsque des filons renferment à la fois, plusieurs especes différentes de gangues et de minérais, il est difficile de voir, d'où ont pu provenir tous ces fossiles, qui se trouvent souvent ensemble dans un même filon, et comment les dissolutions, d'où ils se sont tous précipitées, ont pu se tenir si séparées. J'ai suffisamment montré par diverses passages précédents; que cette variété des fossiles, qui composent un filon, vient en partie de ce que la matiere qui forme les filons, s'est introduite à diverses époques dans les fentes; que la dissolution, qui a donné les précipités, contenoit en tems différents des substances différentes (§. 63. 68.) et qu'une partie de ces différents fossiles, que l'on voit dans un même filon, se sont effectivement précipités d'une seule et même dissolution, les uns plutôt, les autres plus tard, et quelques uns même tout à fait dans le même tems (§. 62.) Au reste la chimie nous apprend qu'une même dissolution peut contenir des substances très différentes, et que dans une dissolution composée, il peut se former non seulement en même tems, mais encore successivement des précipités très différents. Ce que nous avons déja dit sur la structure des filons, et la position locale des divers fossiles, que l'on trouve dans un même filon, et plus encore ce que nous dirons en donnant la description des *dépots de filons métalliques* du district de Freyberg (principalement du premier et second), fait assez voir que: des différents fossiles, qui composent un filon, une partie a été formée et déposée dans le même tems, une autre s'est formée par des sédiments qui se sont suivis immédiatement les uns après les autres, et encore une autre partie peut avoir été formée à des époques très éloignées les unes des autres.

§. 70.

Réfutation de l'objection tirée des débris et fragments de la roche, qui se trouvent dans les filons.

Peut-être voudra-t-on de nouveau objecter contre la nouvelle théorie, qu'il se trouve comme nous l'avons déja rémarqué, des fragments et débris de la roche dans le corps du filon (§. 45.). Peut-être aura-t-on quelque peine à voir comment ces fragments de la roche ont pu se soutenir dans une fente vide; ou même voudra-t-on les considérer comme une preuve de la théorie de la transmutation, c'est-à-dire de la transformation de la matiere de la roche en matiere de filon. Je répondrai à la premiere de ces difficultés, qu'il y a bien des manieres d'imaginer comment ces différents fragments de la roche ont pu se soutenir dans la position et le lieu où on les trouve, et très vraissemblablement cela s'est fait tantôt d'une maniere tantôt d'une autre. Par exemple: il peut se faire que quelques uns de ces fragments, après s'être détachés

de la roche, sont tombés dans la fente, et
sont parvenus dans un endroit, où cette
fente étant trop étroite pour leur permettre
le passage, ils s'y seront arretés. D'autre
fois, il a pu arriver, qu'après qu'une fente
a été entierement remplie, il s'en est formée une nouvelle sur les saalbandes ou
dans le milieu; la secousse, qui a produit
celle nouvelle fente, a détaché des morceaux de roche, qui sont tombés dans la
fente et se sont arretés dans des espaces
étroits, dans des druses déja existantes.
Il a encore pu arriver que, dans un filon,
un des morceaux de la roche adjacente ait
contracté une très forte adhérence, avec
la masse du filon; si le filon vient à se fendre de nouveau sur la saalbande, alors
la masse du filon peut entrainer avec elle
le morceau de roche adhérent. De plus
lorsqu'une fente se forme, la secousse peut
briser les parois, et il peut tomber jusqu'au
fonds de la fente ou des fragments isolés
ou tout à la fois une grande quantité de
débris, qui s'amonceleront les uns sur les

autres. Lorsque les fentes sont ensuite venues à se remplir, tous les fragments, qui y étoient tombés par les diverses causes que nous venons de rapporter, ont été entourés et enveloppés par la matiere qui a formé le filon. Il y a encore une cinquieme maniere d'expliquer la maniere dont les fragments de la roche se sont soutenus dans le filon : ces fragments peuvent y être tombés pendant que la dissolution les remplissoit, et y déposoit la matiere du filon; ces pierres se seront soutenues dans cette matiere qui étoit encore molle, à peu près comme une pierre, que l'on jetteroit dans un vase où de l'eau se congele, se tiendroit au milieu de la liqueur qui se transforme en glace.

Il n'est pas possible de s'autoriser des fragments de roche que l'on trouve dans les filons, pour fonder la théorie de transformation; vu que ces fragments, dont les contours et les angles sont fort aigus, sont visiblement détachés de la roche; de plus lorsque ces fragments sont petits, ils sont

confusément placés, pêle et mêle les uns
sur les autres, et ils affectent toutes sortes
de directions.

§. 71.

De l'altération de la roche dans le voisinage du
filon.

Dans plusieurs filons la roche, qui
forme le toit et le mur du filon, est altérée
et décomposée. Cela a principalement
lieu lorsque les roches, dans lesquelles
courent les filons sont de siénite, de gneïs,
de schiste micacé, d'ardoise, et de por-
phir. Dans ce cas il n'y a qu'une des parties intégrantes de la roche qui soit décomposée, jamais le quartz, ordinairement le
feldspath, le plus souvent la hornblende
et souvent le mica. Cette altération pé-
netre quelque fois dans l'intérieur de la roche à une distance considérable, et jusques à une toise; elle ne règne pas toujours tout le long du filon, elle s'étend plus
dans certains endroits que dans d'autres,
elle a principalement lieu dans les endroits

où le minérai est chargé de souffre. Cette altération de la roche s'étend à quelque distance *des points de minérai;* de sorte que, lorsqu'en suivant un filon stérile, on arrive dans un endroit, où la roche est décomposée, on peut en conclure que l'on trouvera bientôt du minérai (métallique).

Plusieurs Géognostes pensent que cette altération remarquable de la roche adjacente à un filon ne peut se concilier avec une théorie, dans la quelle on regarde les filons comme ayant été des fentes vides, qui se sont ensuite remplies; mais qu'elle prouve plutôt, que la masse des filons n'a été produite que par une transmutation de la substance de la roche. Cependant la différence extraordinaire, qui se trouve entre cette roche altérée et la masse du filon (savoir les pierres de gangue et les minérais), contredit entierement toute idée de transmutation: car la partie altérée de la roche conserve presque toujours les mêmes parties, et dans une même proportion: tout au plus l'action de quelque acide peut

avoir altéré l'union chimique et parconséquent affoibli l'adhérence des parties;
peut-être un acide aura dissous quelques
unes des parties constituantes, qui auront
ainsi disparu: mais au reste le tout conserve encore toute la même texture; la
différence entre la roche adjacente et la
masse du filon est si considérable, qu'elle
ne peut pas donner l'idée même eloignée
d'une transmutation; nulle part on n'en
voit la plus petite trace (sans parler de l'impossibilité chimique). Cette alteration paroit être produite par l'action des acides
contenues dans le filon; ils se seront introduits dans la roche adjacente, et l'auront plus ou moins dissoute; ainsi ce phe-
nomene peut très bien se concilier avec
notre théorie.

J'ai remarqué dans les roches deux
especes de décompositions différentes, qui
proviennent sans doute de l'action de deux
acides différents. D'abord j'ai remarqué
que, dans les montagnes de gneïs et de
granit, il n'y avoit de décomposé que le

feldspath, il étoit converti en une terre de porcelaine blanche, dans la quelle on trouvoit le mica sans aucune altération. J'ai vu de pareilles décompositions non seulement dans le toit et dans le mur de plusieurs filons, principalement de ceux dont les minérais contenoient de l'acide carbonique; mais encore je l'ai vu à la simple superficie de la montagne. J'attribue cette altération de la roche à l'acide carbonique.

On trouve du gneïs, ainsi altéré sur les saalbandes du *Halsbrückner-Spath:* auprès de Schneeberg l'on voit également une roche de granit décomposée auprès des parois du filon *Spitzleuthe* sur le chemin de *Münzbach-Hütte:* auprès d'un fauxbourg de Freyberg, on voit du gneïs fortement décomposé à la superficie de la montagne, et qui pénétre assez avant dans l'interieur. Non loin de Schneeberg j'ai vu sur la superficie de la montagne un granit également décomposé.

La seconde espece de décomposition de la roche n'a presque lieu que dans les filons et veines considérables: elle attaque principalement le feldspath et le mica, de même que la hornhlende, quand il s'en trouve: ces substances pierreuses sont converties en une espece de lithomarge verte [45]) et même en stéatite, et comme fondues les unes dans les autres. Cette espece de décomposition est celle dont je parlois au commencement de ce paragraphe: je la regarde comme un effet de l'acide sulfurique, et je l'ai principalement observée dans les lieux où il y a beaucoup de pyrites sulfureuses.

Dans le district de Freyberg presque tous les filons de la premiere, seconde et troisieme formation contiennent de ce gneïs vert et plus ou moins décomposé. Dans le *Grund* entre Freyberg et Dresde on voit des roches de porphire adjacentes à des filons de galene et qui présentent la même décomposition. Auprès de Meifsen la même chose a lieu dans une roche de siénite. A Muntzig entre Freyberg et Dresde l'on voit également une roche de schiste argilleux décomposé dans le voisinage d'un filon.

---

45) Cette espece de roche décomposée et verte, quelle que fut d'ailleurs sa nature, étoit ce qu'on appelloit autrefois à Freyberg *gneïs*, avant qu'on eut donné ce nom à une espece particuliere de roche.

Il me semble au reste que quelque fois l'acide arsénique produit dans la roche une altération semblable à celle que produit l'acide sulfurique. La premiere des décompositions se rapproche quelque fois de la seconde, ou plutôt elles ont lieu en même tems.

> J'ai vu à Altenberg sur la montagne *Neufänger* non loin du *Stockwerke* un filon d'étain dont le toit et le mur consistoient en une siénite, qui avoit éprouvé une décomposition tenant le milieu entre ces deux especes et se rapprochant cependant de la premiere. On trouvoit des morceaux de cette siénite décomposée sur les anciennes haldes, le long de ce filon; elle paroissoit également au jour dans ces especes d'excavations en entonnoir appellées *Bingen*.

§. 72.

De minérai et des parties métalliques que l'on trouve dans la roche.

Les antagonistes de ma théorie croient faire une objection bien plus forte, en alléguant que: souvent les *parties de la roche adjacentes aux filons sont impré-*

gnées de minérais: cette objection leur paroit une des preuves les plus fortes que l'on puis donner de la transformation de la substance de la roche en substance du filon et en minérai. Cependant il est fort aisé d'expliquer ce phénomene dans ma théorie. En effet cette particularité a presque toujours lieu dans des roches décomposées, principalement lorsqu'elles sont poreuses, fendillées, crevassées et schistenses : elle provient de l'attraction qu'une telle roche a exercé sur les parties métalliques contenues dans la dissolution qui remplissoit les fentes où se sont formés les filons ; ou mieux encore elle provient de l'attraction, que la roche exerçoit sur la dissolution, qui contenoit les parties constituantes des minérais qui se sont introduits dans la masse de la roche.

Presque toujours le minérai que l'on trouve dans la roche y est sous une *forme superficielle* (c'est-à-dire en feuilles minces), et cette forme est ordinairement semblable à celle qu'a le minérai, que l'on trouve dans les fentes qui se font dans la masse du filon, particulièrement dans celles qui se font entre le filon et la roche. Dans ce cas ces minérais sont moins anciens que le reste de la substance du filon. Quelque fois le minérai est disséminé en petits grains dans la roche, et alors il est presque toujours de même formation que celui du filon. Cette propriété, qu'ont certains minérais de pénétrer dans les vides et fentes de la roche qui aboutissent au filon, est propre à certaines especes, principalement à l'argent natif, à l'argent vitreux, à la mine d'argent rouge, au cuivre natif, à la mine d'étain, à la pyrite sulphureuse et à l'ocre rouge de fer, rarement cela se voit-il dans la pyrite arsénicale et la galene. Ces particules de minérai, que l'on trouve dans la roche, semblent y être parvenues par un effet de l'affinité que la roche exerce sur les parties constituantes de la dissolution du minérai: la dissolution s'est introduite dans les fentes de la roche et les particules de mi-

nérai s'y sont précipitées : l'on peut encore
dans l'explication de ce fait admettre l'attraction ordinaire, agissant de la même maniere que lorsqu'elle produit l'ascension de
l'eau dans les tubes capillaires. Il faut remarquer encore que ce phénomene n'est pas
très fréquent, et que dans les filons, où on
le voit, il n'a lieu qu'en certains endroits ;
très rarement il s'étend jusques à une demi
toise dans la roche, ordinairement ce n'est
qu'à quelques pouces.

On voit de la mine d'argent rouge, et même
de l'argent natif et de l'argent vitreux de
forme superficielle, dans le gneïs décomposé, qui forme les parois des filous dans les
mines *Alt grün Zweig* et *Himmelsfürst* à
Freyberg : dans ces deux endroits une partie
de la roche est exploitée et utilisée comme la
masse du filon même. La mine de *Römi-*
sche Adler à Johangeorgenstadt renfermoit
autre fois, dans une roche de schiste argilleux tirant sur le schiste micacé, des feuilles
d'argent natif, en grande quantité ; on en
trouve encore aujourdhui à *Kongsberg* en
Norwege dans des roches de gneïs, de schiste micacé, d'hornblende et autres. A Marienberg dans la mine de *drei Weiber*, il y a

un filon qui donne du cuivre vitreux, le (gneïs) adjacent est décomposé, imprégné de parties ferrugineuses; et j'y ai souvent vu du cuivre natif sous une forme superficielle. A la mine *Morgenstern* auprès de Freyberg on trouvoit, il y a quelque tems dans un certain endroit du toit du filon *oriental*, un gneïs décomposé qui renfermoit de petites feuilles de galene. Le gneïs, le schiste argilleux et micacé sont souvent imprégnés de pyrites sulfureuses, lorsqu'il s'en trouve dans les filons. Lorsque la roche, qui avoisine les filons de mine de fer rouge, ou d'autres filons, qui renferment beaucoup d'ocre rouge, lorsque cette roche, dis-je, est décomposée, presque toujours on la trouve pénétrée de cet ocre. Enfin la partie de la roche adjacente aux filons d'étain, est remplie de grains de ce métal: on en voit des exemples à *Altenberg*, *Ehrenfriedersdorf* et *Geïer*. Je parlerai encore dans la suite (§. 74.) de cette roche impregnée d'étain.

§. 73.

Des filons de Derbishire.

On oppose à ma nouvelle théorie des filons, (tant à l'égard de ce que j'ai dit sur la formation des fentes, qu'à l'explication que j'ai donnée sur la maniere dont elles

ont été remplies) un fait rapporté par plusieurs écrivains. [46]) Il s'agit d'une particularité remarquable que présentent les filons

46) Witbehurst, et Ferber, qui a écrit d'après lui sur
les mines de Derbishire, en ont principalement parlé.
Ferber en traite dans son essai d'une Oriktographie
de Derbishire, page 19 et 20 : voici comme il s'exprime page 19 et 20. Lorsque la roche auprès de
la surface consiste en grez et en schiste argilleux ;
les filons, d'après ce qu'on m'en a dit, sont stériles
et ne renferment point de minérais, mais ils sont no-
bles dans les quatre lits de pierre calcaire, qui sont
au dessous. Dans les trois couches de pierre amygdaloide, qui sont interposés entre les lits de pierre calcaire, on ne trouve point de minérai, rarement même
apperçoit-on la trace du filon, qui est entièrement
coupé et arreté par cette espece de pierre. Ainsi
lorsqu'on exploite un filon vertical, dans le premier
lit de pierre calcaire (ou le noir) et qu'on est parvenu jusqu'au lit de pierre amygdaloide, on se trouve
tout à coup arreté, le filon est coupé et l'on est obligé de tailler et traverser ce lit tranversal et dur, sans
y trouver la moindre trace de minérai et de filon.
Mais directement au dessous on retrouve le filon dans
le second banc calcaire (ou le banc gris) et en suivant la même inclinaison et direction il se continue
jusqu'au second lit de Mandelstein, là il est de nouveau coupé ; il se reproduit dans le troisieme banc
calcaire ; et ainsi jusqu'au quatrieme, à la fin du quel
on n'est pas encore arrivé. Voilà qui est sans contredit un phénomene tout particulier et remarquable :
la dureté des trois lits de pierre amygdaloïde en est
vraissemblablement la cause.

Whitehurst en traite dans son *inquiry into the
original state and formation of the earth.* (London

de *Peak* dans le Derbishire, par rapport
aux lits de pierre amygdaloïde (*Mandelstein*), qui se trouvent dans les montagnes
de ce pays. Au reste ce fait peut également être objecté à toutes les théories.

Ces filons, à ce que l'on dit, sont
dans une montagne en couches et de nature calcaire; ils commencent au jour, traversent ensuite et sans interruption la roche, jusqu'à ce qu'ils rencontrent un lit
puissant de pierre amygdaloïde, là ils s'arretent tout-à-fait et ne traversent nulle-

---

1778.) Voici comme il s'exprime. „Dans les lits
de roche, dont j'ai déja parlé, entre *Grange-Mill*
et *Darley-Moor* on voit partout dans des *strates* calcaires, des fentes qui se correspondent parfaitement,
quoique les bancs de pierre calcaire soient séparés
par des lits intermédiaires de pierre amygdaloïde
(*toadstone*). Cette correspondance se remarque dans
tout le pays de Derbishire, et il n'y a pas encore un
seul exemple du contraire. Il ne s'en suit cependant
pas que cela doit être de même partout; les *strates*
4e et 6e manquent entièrement; dans certains endroits
et ailleurs elles ne sont pas également epaises partout,
quoique les surfaces supérieures et inférieuresdes autres
strates soient entièrement parallèles entr'elles " Plus
loin il dit: „J'ai déja remarqué que les lits depierre
amygdaloide coupent toujours transversalement les filons dans les montagnes de Derbishire, de sorte que ja-

ment ce lit : mais au dessous, l'on retrouve la roche calcaire, les filons se continuent comme au dessus, ayant même puissance, contenant les mêmes minérais et conservant la même position : ils s'arretent encore à la rencontre d'un second lit de pierre amygdaloïde, ensuite ils reprennent leur cours dans la pierre calcaire, et observent toujours cette même conduite à l'égard des lits calcaires, et des lits de pierre amygdaloïde *(toad-stone)*, qu'ils rencontrent alternativement. Je dirai d'abord, qu'avant

____

mais les filons ne traversent les lits amygdaloïdes et ils ne se retrouvent qu'au dessous. Par exemple si l'on a exploité un filon dans le banc No. 3 et jusques à un lit de pierre amygdaloïde, la roche devient tout à coup stérile, et l'on abandonneroit certainement l'ouvrage, si on ne savoit par expérience, qu'en perçant ce lit, on trouvera dessous le mur un nouveau banc calcaire renfermant un filon, qui est entièrement ou presque entièrement vis - à - vis de celui qui s'étoit arreté au toit du lit amygdaloïde. On peut regarder les faits que nous venons de rapporter comme généralement vrais, ils méritent une attention particuliere, principalement parcequ'ils pourront nous aider à expliquer dans la suite *l'origine des pierres amygdaloides.*" Par ces derniers mots il paroit que Whitehurst avoit en vue la prétendue formation volcanique des pierres amygdaloïdes.

de tâcher de donner une explication de ce phénomene; il faudroit savoir si la chose est exactement comme on la rapporte, et si, outre ce qu'on en a rapporté, on ne pourroit pas y trouver, en observant de plus près, quelque particularité, qui pût servir à l'explication du phénomène. Souvent lorsque j'ai observé moi même certains faits, je les ai trouvés tous différens de ce qu'on m'en avoit dit; et j'ai souvent vu qu'en examinant les choses de plus près, les difficultés disparoissoient d'elles mêmes. Déja plusieurs personnes, (entr'autres un de mes éleves Monsieur Barker, natif de Bakewell dans le Derbishire, et témoin oculaire,) m'ont dit; qu'effectivement dans plusieurs endroits les filons traversoient les lits amygdaloïdes. Mr. Bilkington a déja fait cette observation, il en parle dans la premiere partie de son *natural history of Derbishire* (1790). Mais supposé, que la chose fut comme on la rapporte et que les filons ne traversassent point les bancs de pierre amygdaloïde. Vu la grande epaisseur et dureté, que ces lits ont en certains endroits et qui est moindre en d'autres; il n'est pas impossible que, lorsque la fente, en se propageant dans la roche, est parvenue vis-à-vis d'un de ces endroits épais et fort durs, elle ne se soit continuée, à une certaine distance et là où le lit étoit plus mince, ou moins dur il aura été traversé par la fente. Déja Ferber, [47]) qui avoit été instruit de ce phénomene par Whitehurst, croyoit que dans quelques endroits, ces lits de toad-stone étoient fendillés, et que par le moyen de ces fentes la partie supérieure du filon pouvoit être en communication avec l'inférieure. Des observations ultérieures, en suffisante quantité, et faites avec exactitude, répendront une lumiere convenable sur ces faits.

---

47) Dans l'ouvrage cité page 20 il dit: Je soupçonne que les filons pourroient bien n'être qu'étranglés dérangés ou jettés de côté par le lits d'amygdaloïde; de sorte qu'ils se seroient ramifies, et que les ramifications se seroient ensuite réunies de nouveau au dessous du lit.

Il est singulier que parmi le nombre immense d'observations faites sur les filons, on n'ait encore vu nulle autre part, quelque chose de semblable à ce que nous venons de rapporter.

§. 74.

De l'Analogie entre la substance des filons et celle des couches de minérais.

Ce qui fait encore concevoir à quelques Géognostes des doutes sur la nouvelle théorie des filons : c'est de voir que l'on a trouvé, et que l'on connoit, si peu de précipités et dépots proprement dits formés par les mêmes dissolutions qui ont produit la masse des filons : on devroit, disent-ils rencontrer fréquemment des dépots en forme de lits et de couches, et la masse de ces couches devroit avoir une certaine analogie avec la masse des filons. Je répondrai à cette objection ; en priant d'observer combien peu d'observations ont été encore faites à ce sujet ; combien de pareilles observations sont difficiles à faire, d'une maniere exacte, et propre à donner des résultats positifs. Ce ne sera qu'après que des Géognostes instruits et habiles auront fait des observations exactes et suivies, pendant plusieurs années, dans différents pays et même dans les diverses parties du monde, sur les couches de métaux, minérais, et autres fossiles et sur la maniere dont ces fossiles sont disposés les uns à l'égard des autres : et ce ne sera qu'après qu'ils auront convenablement comparé ces observations entr'elles ; qu'on trouvera vraissemblablement que la plupart des formations principales de filons, (savoir les minérais et gangues qui les composent,) sont aussi renfermés dans les couches : c'est ce que les observations ont déja confirmé, du moins par rapport à certains minéraux.

Dans la vallée de la Lahn, entre le Schiste et la *Grauwakke*, l'on trouve des lits de minérais, qui sont de même nature que la *formations de filons* que l'on trouve dans le Hartz antérieur, auprès de Strasberg et de Stolberg; cette formation consiste en galene, *fahlerz*, blende brune, mine de fer spathique et quartz. On trouve à ce qu'on dit dans le bannat de Temeswar, en lits et couches, la même formation de filons, que l'on voit dans le Voigtland, le pays de Bareuth, le Hartz près de Lauterbach, dans le Westerwalde : cette formation consiste en pyrites cuivreuses, ochre de cuivre rouge, malachite, mine de fer brune compacte et testacée, et quartz. La formation de mine de fer hépathique, de mine de fer spathique et de spath pesant dont nous voyons une si grande quantité de filons, forme la masse des roches et des couches à Kamsdorf, Schmalkalde, Eisenerz dans la Stirie et à Hüttenbourg dans la carniole. Nous avons déja remarqué (§. 64. et 65.) combien les anciennes dissolutions métallifères, qui couvroient les montagnes ont déposé du minérai, sous la forme de couche. Quelle quantité de pyrites cuivreuses et sulfureuses ne trouve-t-on pas, en Suede et en Norwege dans des couches, qui avoient été regardées jusqu'ici, pour la plûpart, comme des filons. Il y a des pays dans lesquels des quartiers entiers de roche ne sont autre chose que du minérai, cela se voit dans le Rammelsberg auprès de Goslar et dans le Schlangenberg en Sibérie. Plusieurs parties de la Saxe sont remplies de couches de minérais. Toute la frontiere de Bohéme auprès de Gottesgabe, à partir de Johangeorgenstadt et passant par Breitenbrun, Schwartzenberg, Raschau, Elterlein et Geier jusques à Ehrenfriedersdorf et Thum, contient une immense quantité de couches de mine d'étain, de galene, de pyrite sulfureuse et de mine de fer. La contrée de Gishübel renferme de même plusieurs lits de mine de cuivre, de plomb et de fer. Il y a encore dans nos montagnes une grande quantité de gîtes de minérais, et il n'est pas décidé si ces gîtes sont des couches ou des filons. La plûpart des gîtes de minérais, que l'on trouve dans les comtés de Gömerer et de

Zips dans la haute Hongrie, et qui renferment des pyrites cuivreuses, du *fahlerz*, de la mine de fer spathique et du cobalt, la plûpart de ces gîtes sont, dis-je, *des couches ou lits de minérais*, j'en juge d'après le rapport des observateurs instruits, et d'après les échantillons que j'en ai fréquemment vus. Je passe maintenant sous silence plusieurs pays. Mais on n'a qu'a considérer avec plus d'attention, plusieurs de ces masses de minérais, qui sont de vrais dépots, les comparer avec les formations de filons déja connues, et très souvent on découvrira une certaine analogie et ressemblance entre les filons et les couches.

Dans cette recherche, il faut cependant se rappeller 1. Que plusieurs couches minérales, qui renfermoient les mêmes substances que certaines formations de filons, peuvent avoir été de nouveau détruites par la nature, ainsi qu'il est arrivé à plusieurs autres masses de montagnes. 2. Qu'en se formant plusieurs couches de minérais ou d'autres fossiles ne se sont pas étendues sur toute la surface que couvroit la dissolution d'où elles se sont précipitées. 3. Que la tête ou les *affleurements* de plusieurs couches minérales ont été recouverts par une nouvelle formation de montagnes, ou au moins par des nouvelles *strates* des premieres montagnes; de sorte qu'il est difficile de découvrir ces couches minérales à l'extérieur du globe. 4. Que d'après les raisons que nous avons données (§. 63.) de la différence, qui se trouve entre la formation ou composition des filons et la formation ou composition des couches (même lorsque les filons et les couches qui ont été formés par une seule et même dissolution); on ne doit pas s'attendre à trouver une ressemblance parfaite entr'eux. On voit d'ailleurs que sans une connoissance suffisante de l'Oriktognosie, il est impossible de dire quelque chose de positif, de certain et de satisfaisant sur cet objet.

§. 75.

De l'âge des filons relativement à celui des roches.

Après avoir répondu dans les paragraphes précédents (§. 68 — 74.) aux objections faites contre ma théorie, notamment contre l'explication, que je donne de la maniere dont les fentes ont été remplies; et après avoir même prévenu et refuté ce que l'on pourroit m'objecter par la suite; il me reste encore pour completer l'exposition de ma théorie plusieurs points à discuter.

Dans cette théorie il est important de considérer, non seulement l'âge et l'ancienneté rélative des filons et des formations de filons (dont nous avons traité §. 31. et 32.), mais encore il faut avoir égard à *l'âge des filons relativement à la roche dans la quelle ils se trouvent.* On peut en quelque sorte déterminer cet âge, en comparant entr'eux les âges des divers filons, qui se trouvent dans une montagne. Par là on apprend quels sont les filons, dont l'âge approche le plus de celui de la montagne; quels sont ceux, dont l'âge en differe davantage, et qui par conséquent sont les plus nouveaux relativement à la montagne. Parmi les filons les plus anciens, qui se trouvent dans diverses contrées; il y en a de *très nouveaux* (beaucoup moins âgés) en comparaison de la montagne, dans la quelle ils se trouvent, et ces mêmes filons dans d'autres contrées peuvent être à-peu-près aussi (âgés) anciens que la montagne, qui les contient. Ces cas arrivent effectivement et l'on rencontre (ce qui est bien à remarquer), dans certains endroits, des filons, qui ont été formés bientôt après la formation des roches qui les enveloppent, et en quelque sorte durant la formation de la montagne, c'est-à-dire avant que la roche ait été entièrement dessechée et consolidée. Les filons, dont l'âge approche de celui de la montagne, se reconnoissent par une certaine analogie que l'on remarque entre la masse de la montagne et la leur par l'étroite union et la forte adhérence qui se trouve entre ces masses, par le peu d'épaisseur des filons; de plus la roche, qui entoure ces filons, est pénétrée et impregnée non seulement de minérai mais encore de pierre de gangue. Geier, Ehrenfriedersdorf, Altenburg présentent des exemples, frappans et très distincts de filons dont la formation date à peu près de la même époque que celle des montagnes. Les filons d'étain, qui se trouvent dans les lieux que nous venons de citer, sont dans ce cas. On trouve encore des filons fort anciens, qui ne consistent qu'en substances pierreuses: telles que le feldspath, le quartz, le mica et quelque fois le Schörl.

On trouve auprès d'Elbogen, sur la rive droite de l'Eger, tout au près de la chaussée, un mince filon de feldspath blanc; ce filon, qui paroit formé à peu près dans le même tems que la montagne, est dans une roche de granit.

Lorsque les filons, dont l'âge approche de celui de la montagne renferment du minérai, par exemple de la mine d'étain, comme les filons dont nous avons parlé, ce minérai ne se trouve souvent que sur les saalbandes, quelque fois même dans la roche adjacente: (§. 73.) et le milieu du filon, qui doit son origine à une fente postérieure, renferme ordinairement une pierre ou terre stérile.

Les *Stockwerke* (Amas §. 4.) ne sont autre chose qu'une grande quantité de filons minces, courts, rassemblés dans un plus ou moins grand espace de rocher; ces filons affectent toutes sortes de directions et leur âge approche assez de celui de la moutagne. Jusqu'ici je ne connois que la mine d'étain qui se trouve en *Stockwerke*, on rencontre de ces gîtes à Altenberg, Seiffen auprès de Grünenthal, Geier et à Schlakkewald non loin de Carlsbad etc. [48]

§. 76.

De l'âge relatif des fossiles entr'eux.

Un objet, qui, pour un Géognoste observateur, est encore plus intéressant que

---

[48] Les filons, qui sont beaucoup moins anciens que la roche dans la quelle ils se trouvent, sont encore plus aisés à distinguer: ce qui les fait principalement reconnoitre: c'est la nature de la substance qui les compose, une plus grande puissance, et d'autres manieres d'être à l'égard de la roche et des autres filons. *(L'auteur a changé ici ce qui est dans l'edition allemande.)*

les rapports des filons à l'égard des masses
de montagnes dans lesquelles ils courent,
c'est *l'âge relatif des divers fossiles, qui
forment la masse des filons* et particulierement l'âge relatif des divers métaux entr'eux. Les roches, dans lesquelles ces fossiles se trouvent soit en lits et couches, soit
en filons, nous donnent des données sures
dans cette recherche. Car il est certain et
décidé : que les minérais, pierres et fossiles, qui se trouvent en couchesdans les montagnes, ont été formés dans la même époque que les roches : et que les fossiles, que
l'on trouve dans les filons sont d'une formation postérieure à celle de la roche.

D'après nos observations, il y a des
formations de métaux fort anciennes, les
autres viennent ensuite et successivement.
L'étain me paroit être si non la plus ancienne, du moins une des plus anciennes
formations de métaux; car je ne l'ai jamais
trouvé dans les montagnes secondaires;
mais bien dans les montagnes de Porphire.
C'est une des formations métalliques les

plus rares. Les mines de *molybdène* et de *Scheel* [49]) me paroisent également d'une formation fort ancienne, car on ne les trouve presque que dans les couches d'étain et leur formation me paroit dater à peuprès de la même époque que celle de ce métal. Les mines d'uranite et de bismuth semblent être un peu plus nouvelles; cependant on ne les trouve nulle part dans les montagues secondaires, au moins je l'ignore. L'or et l'argent paroisent d'une formation plus nouvelle et même souvent fort nouvelle. C'est principalement dans les montagnes primitives que l'on trouve ces deux métaux, quelque-fois cependant aussi, quoique bien rarement, dans les montagnes secondaires. Le mercure se trouve non seulement dans les montagnes primitives (à l'exception des plus anciennes) mais encore dans les secondaires. La

---

49) Le genre du *Scheel* renferme le tungstène et le wolfram; le molybdène est le seul métal de son genre. Le genre de l'uranite contient le *Pecherz*, l'uranite micacé et l'oxide d'uranite (*Note extraite du dernier tableau oryctognostique du systéme de Werner.*)

formation de ce métal paroit avoir eu lieu à des époques très differentes et elle est rare.

L'on voit à Rosenau dans la haute Hongrie, à Schönbach en Bohême et à Hartestein en Saxe, une formation de cinabre, qui se trouve en lits dans le schiste argilleux et même dans de la terre de chlorite et du talk. Le cinabre est uni à du quarts, du spath calcaire, de la mine de fer spathique, ainsi qu'à quelque peu de pyrite cuivreuse et sulfureuse, à de la mine de fer spéculaire et de la mine de fer micacée. Cette formation pourroit bien être la plus ancienne des formations de cinabre.

(Augmentation de l'auteur.)

Les formaïons de cuivre, du plomb, du zinc sont très nombreuses, et d'un âge très différent. Le cobalt, particulièrement la galène de cobalt, et le Kupfernikkel sont d'une formation très nouvelle. Ces métaux se trouvent fréquemment en filons dans les montagnes secondaires, principalement dans le Mansfeld, la Thüringe et la Hesse. La seule mine de cobalt blanche, qui se trouve, entr' autres endroits, à Tunnaberg et Los en Suede, à Moïlum en Norwege est d'ancienne formation; car elle ne se trouve que dans les montagnes primitives et encore y est-elle en couches.

Le cobalt que l'on trouve, à Gieren en Silesie, en couches dans les roches de schiste micacé appartient sans doute à cette ancienne formation, qui même me paroit la plus ancienne.

(Nouvelle note de l'auteur.)

La mine d'antimoine gris est d'un âge moyen. Je ne l'ai pas encore vue dans les montagnes secondaires, ni dans les plus anciennes formations de métaux. La pyrite arsénicale est une ancienne production, mais de différents âges : car on en trouve beaucoup avec de la mine d'étain, beaucoup avec de la galène, quelque peu avec les pyrites cuivreuses, quelque peu avec la mine d'argent arsénical. Les formations de fer sont sans contredit les plus nombreu-

ses, et de presque tous les âges; cependant
eu égard à cet âge on peut en assigner diverses formations principales. La formation de la mine de fer magnétique, qui se
trouve dans les montagnes primitives, et
plus particulièrement encore dans les montagnes calcaires primitives paroit être la
plus ancienne formation de ce métal. La
formation de la mine de fer rouge est
beaucoup plus nouvelle: celle des mines
de fer brunes et spathiques paroit
l'être encore plus d'avantage; la formation
de mine de fer argilleuse est encore plus récente. Une des moins anciennes est celle
de mine de fer argilleuse et magnétique,
qui se trouve dans les roches de trapp. La
plus nouvelle est la formation de mine de
fer limoneuse. Les formations de pyrites
sulfureuses sont presque innombrables,
elles sont de presque tous les tems, même
des plus modernes. Les filons les plus anciens sont les seuls, qui n'en renferment
point. Les diverses formations de manganèse paroissent être d'un âge moyen.

Les montagnes secondaires les plus anciennes, (les montagnes de *Grauwakke,* de calcaire *intermédiaire,* de grès des plus anciennes formations secondaires) sont fort riches en minérais métalliques. Les montagnes calcaires, les plus nouvelles, les montagnes d'alluvion sont tout aussi pauvres, que les primitives et intermédiaires sont riches ; le fer est le seul métal, que l'on y trouve. Il n'y a que dans quelques montagnes de charbon de pierre où l'on puisse appercevoir quelque trace insignifiante de galène et de pyrite sulfureuses. Quant à l'âge relatif de quelques minéraux des autres classes, qui composent la masse des filons ; il me semble, que le feldspath, le schörl, la topase et même le béril se trouvent dans les filons les plus anciens. Les masses de filons, dans lesquelles on trouve du mica gris et vert, me paroissent également très anciennes. Toutes les pierres calcaires paroissent être plus nouvelles, dans le nombre l'apatite et quelques fluors sont les plus anciennes. Le spath-pesant est beaucoup plus noüveau et peut-être une des plus nouvelles substances, qui composent les filons. Peut-être le quarts est-il la plus ancienne pierre de gangue, peut-être même s'est-il formé dans tous les tems. La wakke et le basalte, que l'on trouve dans les filons, sont d'une formation très récente : il en est de même du charbon de pierre et du sel gemme. Une chose bien digne de remarque c'est qu'en général la masse des montagnes primitives ne contient pas la plus petite trace de substances combustibles et charbonneuses : ce n'est que dans les plus anciennes montagnes secondaires, que l'on commence à les trouver. Le sel gemme paroit être d'une formation bien postérieure.

Toute cette matière demanderoit à être traitée bien plus au long. Ce que nous en avons dit dans ce paragraphe ne doit être considéré que comme un premier apperçu. On voit encore ici combien une étude exacte des montagnes est nécessaire pour avoir une connaissance solide et complette de la formation des filons.

§. 77.

De l'âge relatif de quelques minéraux, principalement de celui de diverses formations de galène.

Je vais donner ici quelques exemples
détaillés, qui serviront à donner une idée
plus claire de ces formations de métaux si
différentes, qui se sont faites successivement et dans des tems plus ou moins
éloignés les uns des autres. Pour pouvoir
dire quelque chose de positif sur cette matière difficile et qui demande beaucoup de
sagacité de la part de l'observateur, on doit
se rappeller ce que nous avons déja dit
(§. 32.) sur le caractère principal et disinctif
des diverses formations de filons, savoir ; sur
l'anologie ou ressemblance entre les matières, qui les composent, (gangues, minérais, leurs espéces et variétés), et sur
l'âge de ces filons, ainsi que sur celui
des couches.

L'Or natif entr' autres se trouve dans
des formations très différentes, et qui ont
été produites dans des tems très éloignés
les uns des autres. Quelle différence n'y

a-t-il pas entre le formation d'or natif, qui se trouve en couches dans des montagnes primitives de gneis, de schiste argilleux, de schiste micacé à Ramingstein, Muerwinkel, Zillerthal et autres lieux du pays Salzburg et de la Carniole; et la formation, que l'on voit en filons, dans les montagnes secondaires de *Grauwakke* en Transilvanie, à Voeroespatak et Abrudbania et même dans des montagnes de grès à Zalathna. On a même trouvé dans ce dernier endroit de l'or natif dans du bois à demi-pétrifié, ou plutôt dans du bois bitumineux. L'or que l'on voit à Edswol en Norwege, à Aedelfors en Suede, differe peu quant à l'âge de celui, qui est dans les endroits, que nous venons de nommer. L'or natif, qui se trouve en filons dans les montagnes de siénite et de porphire à Schemnits et Cremnits tient le milieu, par rapport à l'âge, entre les plus anciens et les plus nouveaux que nous avons cités dans ce paragraphe. On peut compter parmi les plus nouvelles formations d'or, celui qui se trouve en filons dans un grès micacé et argilleux à Peresoo-koi, non loin de Catharinenbourg.

L'argent natif, ainsi que les autres mines de ce métal est également de très différentes formations, mais je ne suis pas encore en état de déterminer l'âge relatif des diverses formations d'argent, que l'on connoit jusqu'ici.

L'argent corné me semble être le plus nouveau de tous les minérais de ce métal, car il ne se trouve que dans la partie supérieure des filons. On voit à Frankenberg en Hesse des feuilles d'argent natif appliquées sur des pétrifications. En traitant des différents dépots des filons du district de Freyberg, dans le chapitre 10., je parlerai de diverses formations d'argent.

Nous connoissons peut-être déja plus de vingt formations de galène différentes: J'ai observé les suivantes et les ai reconnues pour être des formations très distinctes les unes des autres.

1. La galène mêlée avec la pyrite cuivreuse, l'or natif; dans le quarts.

Elle se trouve à Muerwinkel, et à ce que je crois à Hirzbach, dans le païs de Salzbourg.

Dans le premier de ces endroits elle est en couches.

2. La galène avec la blende brune à petits grains, et le *Schieferspath.*

Elle se trouve à *Unverhofftes Glück,* auprès de *Beermansgrün,* non loin de Schwartzenberg.

On l'exploite dans le mur d'un puissant lit de terre calcaire.

3. La galène riche en argent, avec de la blende brune à grains fins et quelque peu de pyrite cuivreuse et sulfureuse; dans le quarts.

Elle se voit à *Hormersdorf* auprès de Geïer,

et se trouve dans un lit de schiste, qui s'approche de la chlorite schisteuse.

4. La galène riche en argent avec beaucoup de blende noire, de pyrite arsénicale,

de pyrite sulfureuse, quelque fois avec un peu de pyrite cuivreuse, plus rarement avec de la mine de fer spatique; dans le quartz quelque fois joint à un peu de spath brunissant.

Elle se trouve en quantité dans le district des mines de Freyberg et dans d'autres contrées du *Erzgebürge*, presque toujours en filons.

Dans le chapitre 10e en traitant des différents dépôts de minérais du district de Freiberg, je décris cette formation ainsi que les 5e, 6e, 7e, 9e, 10e. suivantes.

5. La galène très riche en argent, avec de la blende noire, très peu de pyrite arsénicale, de la pyrite sulfureuse, dans le quarts et le spath brunissant.

Cette formation se rencontre fréquemment dans le district des mines de Freyberg principalement au *Brand*. Elle est en filons.

6. La galène très riche en argent, avec un peu de blende noire, de la pyrite sulfureuse, de la mine d'argent rouge foncé, d'argent aigre, de la mine d'argent blanche,

de l'argent en barbes de plume; dans le quarts uni à un spath brunissant d'une couleur rouge de chair.

Je n'ai vu jusqu'ici cette formation que dans le district de Freyberg, principalement aux environs du Brand, depuis je l'ai encore trouvée à Kleinvoigtsberg, elle est toujours en filons.

> Ces deux derniéres formations, prises ensemble sont décrites dans le 10e. chapitre et désignées comme le second dépot de filons du district de Freyberg.

7. La galéne pauvre en argent, avec beaucoup de pyrites sulfureuses, de la blende noire, souvent de l'ocre rouge de fer; dans le quarts et avec de l'argille verte plus ou moins mélée de chlorite.

Elle se trouve dans beaucoup de filons de Freyberg, particuliérement dans le district de *Halsbrücke*.

8. La galéne riche en argent, avec de la blende jaune, du *Fahlerz*, de la pyrite sulfureuse ordinaire; dans du spath brunissant et du quarts.

Elle se trouve à Scharfenberg auprès de Meissen et à Kapnik dans la haute Hongrie.

Elle y est en filons.

9. La galène pauvre en argent, avec de la pyrite sulfureuse rayonnée, rarement un peu de blende brune dans le spath - pessant, le spath fluor, quelque fois un peu de spath calcaire et du quarts.

On la rencontre fréquemment en plusieurs endroits du *Erzgebirge* en Saxe, dans le *Derbishire* en Angleterre, auprès de Cimbrisham et Gislöf, dans la province de *Schonen* en Suède.

Partout elle se trouve en filons.

10. La galène ordinaire testacée et la galène compacte avec peu de blende noire, de la pyrite sulfureuse et de la mine de fer spathique.

Elle se trouve dans quelques mines du district de Freyberg, en filons.

Elle paroit être une des plus récentes formations de galéne.

11. La galène avec beaucoup de blende brune, de mine de fer spathique, quelque peu de pyrites sulfureuses, du *Fahlerz*, peu de pyrites cuivreuses; dans le quarts.

Cette formation se trouve principalement près de *Strasberg* dans le Harz antérieur, et, à ce que je crois, dans le Harz supérieur aux mines de *Kranik*, *Braune Lilie* et *Zilla*. Elle se voit aussi dans la vallée de la *Lahn*. Au Harz elle est en filons et dans la vallée de la Lahn en couches.

12. La galène mêlée à beaucoup de blende d'un brun foncé; dans le quarts.

Elle se trouve à *Lautenthal* dans le Harz.

13. La galène, avec de la blende d'un brun foncé à grains petits et fins, pyrites sulfureuses et cuivreuses; dans le quarz.

Elle se trouve sur le *Rammelsberg* à Goslar.

Dans un *Stolk*, ou plutôt en un bloc de minérai, (semblable à un bloc de roche.)

14. La galène, avec de la pyrite cui-vreuse; dans le spath calcaire.

Elle se trouve dans plusieurs mines de Klausthal et de Zellerfeld

en filons.

15. La galène avec beaucoup de mine d'argent rouge foncé, très peu de mine d'argent rouge clair, du cobalt, de l'arsé-nic natif; dans le spath calcaire.

On la trouve fréquemment au *Harts* sur le *Andreasberg* et

en filons.

16. La galène, avec de la calamine, et beaucoup d'ocre brune de fer.

Elle se trouve en quantité dans les montagnes secondaires de *Cracovie* en Pologne, de *Tarnowitz* dans la Haute - silésie, dans les *Ardennes*.

Partout en couches.

Cette formation est la plus nouvelle de toutes celles, que je viens de citer; on ne la trouve gueres dans les filons, ou au moins dans les montagnes d'une hauteur considérable; car il paroit, que la dissolution, d'où elle s'est précipitée, n'a jamais atteint un niveau bien élevé.

17. La galène en très petite quantité, très pauvre en argent, en partie sous une *forme disséminée,* en partie sous une *forme superficielle,* avec de la pyrite cuivreuse; dans le spath calcaire.

Elle se voit quelquefois en filons, dans des montagnes à charbon de pierre (en feuilles minces dans les fentes du charbon même.)

On la trouve éparse dans les mines de charbon auprès de Dresde.

Cette formation est très insignifiante eu égard à sa quantité, mais cependant très rémarquable à cause de sa nouveauté. Il en a été déja fait mention dans le paragraphe précédent.

Parmi ces diverses formations de galéne il y en a cinq, que l'on voit principalement dans le Harts: mais il est extrêmement difficile de pouvoir juger avec exactitude de ces formations, lorsqu'on n'a pas vu soi même (et c'est le cas, où je me trouve à l'égard de ces formations du Harz) les gîtes même, où elles se trouvent; car il ne suffit pas d'avoir vu des échantillons d'une formation, pour pouvoir en juger sainement, il faut avoir vu exactement et plu-

sieurs fois le gîssemens ou local, où elles se trouvent, avoir examiné l'ordre et l'ensemble des fossiles
qui appartiennent à une même formation avoir observé les variations, que cette formation éprouve en
divers endroits, ainsi que la disposition des gîtes, qui
les renferment. Ce n'est que par des observations
exactes et répetées, par des comparaisons faites avec
soin : que l'on reconnoitra que deux formations, qui
paroissent se ressembler ne peuvent être regardées
comme une même formation à cause des différences
essentielles qu'elles présentent; que des variations,
qu'éprouve une même formation doit la faire subdiviser en plusieurs autres; que plusieurs autres,
que l'on trouve ensemble dans un même lieu ou gîte,
ne doivent cependant être considerées, que comme
appartenant à une même formation principale. Ainsi
il pourroit bien se faire que ce que j'ai dit sur les formations du Harts vint à éprouver quelques cor-
rections, ou recevoir quelques additions. Peut-être
en faisant et continuant des observations soignées
dans des pays différents et même éloignés les uns des
autres on découvrira un beaucoup plus grand nombre
de formations de galène.

§. 78.

De quelques fossiles, que l'on trouve souvent ensemble.

Les recherches dont nous venons de
parler sur les diverses formations particu-

lières d'un métal ou d'un minérai conduisent immédiatement à une observation non moins intéressante, qui est de savoir : *quels sont les minérais et les fossiles, qui se trouvent ordinairement les uns avec les autres, et quels sont ceux, qui semblent en quelque sorte exclure les autres.* Je ne citerai actuellement que quelques exemples de ces particularités.

La *galène* et la *blende* ou tout au moins la *calamine* se trouvent presque toujours l'une avec l'autre. La galène est aussi souvent accompagnée de *pyrite cuivreuse.* Le *cobalt*, le *kupfernikkel*, le *bismuth natif* se trouvent ordinairement ensemble, cependant le bismuth ne se trouve pas dans les nouvelles formations des deux premiers minéraux. L'étain se rencontre souvent avec le *wolfram*, le *tungsténe*, le *molybdène* et la *pyrite arsénicale*, de même qu'avec la *topase*, le *spath-fluor*, l'*apatite*, le *schörl*, le *mica*, la *chlorite* et la *lithomarge*. La mine de *fer brune* se trouve ordinairement avec de la mine de *fer spathique* d'un brun foncé, de la mine de *fer noir*, du *manganèse* et du *spath pésant*.

Pour ce qui est des fossiles qui semblent s'exclure mutuellement, je remarquerai : que dans les endroits où il y a de l'*étain* rarement voit-on de la mine d'*argent*, de la mine de *plomb*, du *cobalt*, du *spath-pesant*, du *spath calcaire* et du *gipse*. Il est peu ordinaire de trouver de la *blende* avec de la *pyrite cuivreuse*. Le *cinabre* et les mines de *mercure* ne se trouvent presque jamais avec les mines des autres métaux, à l'exception de l'ocre de fer et de la pyrite martiale. Je ne connois que quatre cas qui fassent exception à cette règle : savoir : à *Moersfeld* le *cinabre* est mêlé avec un peu de *galène;* à *Moschel-Landsberg* il est uni à un peu d'*argent natif*, de *fahlerz*, de *malachite*, d'*azur de cuivre;* à *Schemnitz* il se trouve avec de la *galène*, de la *blende noire* et de la *pyrite cuivreuse;* et à *Rosenau* dans la Haute-Hongrie il est uni à de la *pyrite cui-*

vreuse, de la *mine de fer spathique* et à de la mine de *fer micacé.* Pour le *manganèse,* j'en ai vu uni à de la mine de *fer rouge,* ou seulement à de la mine de *fer noire* et du *spath - pesant.*

La raison des particularités, dont je viens de parler dans ce paragraphe, peut venir, en partie d'un certain rapport de quantité entre les parties constituantes, et en partie d'une plus ou moins grande diffé-rence dans le tems de la formation des fossiles, qui se donnent l'exclusion; ou des fossiles, qui se trouvent ensemble.

§. 79.

Des fossiles, qui ne se trouvent que dans certaines especes de roches.

L'on a déja depuis long tems observé et trouvé remarquable que certains miné-rais et gangues, qui composent les masses des filons, ne se trouvent que dans les roches d'une certaine espèce, et parconséquent qu'on ne trouve pas ces fossiles et minérais dans d'autres especes de roches : la *calami-ne* ne se trouve point dans le granit, le gneis,

le schiste micacé et autres roches primitives ;
très rarement voit-on de l'*argent* dans des
roches de granit. Jusqu'ici on a attribué
la cause de ce fait à une influence immé-
diate de la roche ; mais des observations
plus exactes ont montré le peu de fondement
de cette explication, et l'ont même contredite, ainsi que nous le verrons (§. 90). Les
observations et la nouvelle théorie des filons nous apprennent, que certains métaux et fossiles sont de formations très anciennes, que les dissolutions qui les ont
fournis n'existoient plus lorsque quelques
nouvelles montagnes se sont formées, et
ainsi elles n'ont pas pu remplir les fentes,
qui se sont formées dans ces montagnes.
Les fossiles peuvent être encore d'une formation nouvelle ; alors les dissolutions,
d'où ils se sont précipités étoient déja à un
niveau trop peu élevé et ne couvrant point les
anciennes montagnes, leurs précipités n'ont
pu pénétrer dans les fentes.   Il peut encore
se faire, que lorsque certaines substances
minérales se sont introduites dans la dis-

solution générale, les fentes des montagnes étoient déja remplies et fermées, et qu'il ne s'en est point formé de nouvelles.

§. 80.

De quelques formations particulieres subordonnées à des formations principales.

Le tems, que les *formations principales* ont mis à se faire, a été sans doute de grande durée ; dans cet espace de tems les fentes déja existantes se sont remplies ; après cela il peut s'en être formé de nouvelles, qui se sont également remplies de la même dissolution, qui n'avoit encore éprouvé que peu ou point de changement. Delà vient, que nous voyons plusieurs *formations de filons particulieres*, qui paroissent être comme des branches ou subdivisions de la formation principale : ces filons, en traversant les anciens de la même formation, nous décélent une formation postérieure. Cependant tous ces filons de formation particuliere et appartenant à une formation principale *traversent toujours* tous *les filons des formations principales plus anciennes,* et *ils sont* à leur tour *traversés par les filons des formations principales plus nouvelles.* C'est ce que j'ai remarqué dans les filons, tant du district de Freyberg que d'autres endroits.

§. 81.

Des altérations que peut avoir éprouvé la masse des filons.

Avant de finir je dois encore observer; que la *masse des filons déja existans* peut dans la *suite des tems* avoir éprouvé quelques *altérations* et *changemens,* et c'est ce qui est effectivement arrivé en plusieurs endroits. La masse existante d'un filon, (ou seulement un des fossiles, qui le composent) peut avoir été entièrement décomposée, ou sa composition peut avoir été altérée par l'addition ou la soustraction d'une de ses parties constituantes; et un fossile peut avoir été ainsi transformé en un autre. Un pareil changement peut avoir été produit ou par une dissolution,

qui se fera introduite dans le filon, par
une ouverture, qui s'y trouvoit encore, ou
par l'action de l'air athmosphérique, qui
y aura pénétré; ou par de l'eau, qui
aura filtré à travers le terrain et la roche
qui constituent les montagnes. Dans le
premier cas, il est difficile de remarquer et
distinguer le changement produit par une
nouvelle formation, qui s'est jointe et entre-
mêlée avec la premiere. Dans le dernier
(savoir la filtration), qui ne peut avoir et
n'a réellement eû lieu dans le filon, qu'*à
une petite profondeur au dessous de la
superficie du terrain*, il peut s'être fait de
nouvelles production de minérais.

D'après les remarques que nous venons
de faire, de pareilles *transmutations* et
transformations doivent être et sont certainement *très rares*: elles ne produisent
que des *ochres* et *oxides métalliques*, très
rarement des *métaux vierges*, peut-être
et uniquement du *cuivre*, *jamais des minérais* proprement dits. Parmi les pierres
le spath fluor paroit susceptible d'une

pareille décomposition et l'avoir éprouvé quelque fois. Les stalactites, que l'on voit dans les mines, sont des preuves de la décomposition du spath calcaire, du spath brunissant et de quelques minérais.

CHAPITRE HUITIEME.

Courte réfutation des anciennes théories sur la formation des filons.

§. 82.

Classification des anciennes théories.

Dans le second chapitre de ce traité, je n'ai donné qu'un apperçu historique des anciennes théories sur la formation des filons, je ne me suis point arrêté aux objections, qu'on pouvoit faire contr' elles, parcequ' elles tombent d'elles mêmes, et se trouvent suffisamment refutées par l'exposition et les preuves de ma nouvelle théorie, de même que par mes réponses aux ob-

jections faites ou à faire contr' elle : parlà
j'ai évité beaucoup de longueurs. Mais
comme il y a à dire contre ces anciennes hypothèses bien des choses, que je n'ai pas
encore eu occasion de remarquer, qui cependant mettent en évidence, et dans tout
son jour, la fausseté de ces théories ; je
vais les soumettre à un nouvel examen et à
de nouvelles considérations. Toutes les
hypothèses dont nous avons parlé dans le
second chapitre, et qui sont erronées en
totalité ou en partie, peuvent être comprises sous quatre théories principales.

a) Les filons ont été crées dans le même tems que le globe terrestre. ($. 7. 11.)

b) Les filons et les veines sont les branches et rameaux d'un tronc immense, qui
se trouve dans l'intérieur du globe. ($. 16.)

c) Les filons ont d'abord été des fentes, qui se sont ensuite remplies peu à peu
de matières minérales. ($. 7. 9. 13. 15. 17.
18. 19. 20. 22. 23. 25.)

d) La substance des filons n'est autre chose que la substance même de la roche, dont la nature a été changée et transmutée par l'action de certains dissolvants, qui se sont introduits dans de petites fentes. (§. 14. 21. 24.)

Quant à cette vieille opinion, dans laquelle on attribuoit (§. 7. 8.) au soleil et aux planetes une influence sur les filons, elle appartient, ainsi que la bagette devinatoire, à l'Astrologie mistique des anciens tems, et au système effluvial : elle est si inconséquente, si incohérente, si superstitieuse, et oubliée depuis si longtems, qu'elle ne mérite point le nom de théorie, et encore moins une réfutation; à peine doit-on en faire mention.

§. 83.

Réfutation de la premiere théorie.

La premiere opinion; savoir, que les *filons sont aussi anciens que la masse de notre globe, et qu'ils ont une même origine qu'elle,* étoit déja appellée par

Agricola l'opinion de l'homme du peuple, mais elle a été ensuite reproduite et appuyée par Stahl et Junker. Elle est suffisamment réfutée par la seule observation suivante: dans les masses de montagnes, qui sont évidemment de nouvelle formation, l'on trouve des filons, qui présentent les mêmes particularités et phénomenes que les autres: par exemple, on trouve de vrais filons dans des montagnes de charbon de pierre, dans des montagnes qui renferment des couches de bois bitumineux et en général dans des montagnes, qui non seulement par la quantité des pétrifications du règne végétal et animal qu'elles contiennent, mais encore par leur stratification, montrent évidemment qu'elles sont de nouvelle création, qu'elles ont été formées par une suite de précipités provenus d'une vaste dissolution, et qui se sont déposés les uns sur les autres. Si les montagnes, qui renferment ces filons n'ont été formées que long-tems après l'existence de notre globe, il faut bien aussi et de toute nécessité que les filons, qui y sont renfermés, soient encore moins anciens. Mais de plus; si comme tous les observateurs en conviennent, les filons, qui se trouvent dans les montagnes primitives présentent les mêmes particularités dans leur structure et leur position, que ceux qui sont dans les montagnes de nouvelle formation; il est évident que les uns et les autres doivent avoir la même origine. Enfin si la stratification, et la nature de la roche, des montagnes les plus anciennes décèlent en elles une origine semblable à celles des montagnes de nouvelle formation; ces montagnes primitives doivent s'être formées successivement et peu-à peu, et les filons qu'elles renferment sont nécessairement d'une formation encore plus nouvelle : de sorte que ces filons, et à plus forte raison ceux que l'on voit dans de nouvelles montagnes, se sont formés après la création du globe, pendant la durée de son existence, et pendant les revolutions qu'il a éprouvées successivement.

Cette opinion: que les filons ont été formés en même tems que le globe est encore contredite par les observations, qui prouvent que les filons sont d'un âge fort différent soit à l'égard les uns des autres, soit à l'égard des roches, qui les renferment. On sait encore que les filons contiennent quelques fois des matières, qui indiquent visiblement une origine nouvelle, ces matieres sont des galets ou pierres roulées, des fragments de roche ou de masse des filons et des pétrifications (§. 44. 45. 46. 47.) On sait de plus qu'il s'est formé de tems en tems de nouvelles fentes: qu'il s'en forme encore aujourd'hui: que ces fentes se sont remplies peu à peu: et qu'il s'y est formé des masses entierement semblables aux autres filons.

§. 82.

Réfutation de la Théorie de Lehmann.

La seconde hypothèse, celle de Lehmann (§. 16.), dans laquelle on regarde les filons comme les branches et les rameaux d'un immense tronc de matiere minérale, qui se trouve dans l'intérieur de notre globe; dans laquelle on attribue parconséquent l'origine des filons à une espece de végétation ou de mouvement organique; cette hypothése, dis-je, peut-être le fruit des rêves d'un homme, qui n'a jamais vu l'intérieur d'une montagne; mais jamais elle ne pourra être admise par des mineurs et géognostes expérimentés: car ils savent, que les filons, à mesure qu'ils s'enfoncent, se retrécissent, et se terminent en coins (§. 41.) A la vérité nous n'avons encore trouvé que les extrémites inférieures des filons d'une mince ou d'une moyenne épaisseur; et si l'on n'a pas encore atteint l'extrémité des filons puissants, c'est qu'à raison de leur puissance, ils s'enfoncent à une profondeur plus grande, que celle où nous avons jusqu' ici poussé nos travaux. Mais la ressemblance d'ailleurs parfaite, sous tous les autres rapports, entre ces puissants filons, et les filons plus minces nous permet de conclure, par voie d'analogie, que les pre-

miers se terminent de la même maniere que
les seconds ; ce qui doit nous engager d'autant plus à le croire, c'est que plusieurs
filons puissans deviennent plus étroits à une
grande profondeur. Voilà ce qui contredit entièrement la prétendue communication que Lehmann suppose exister entre
les filons et l'intérieur du globe.

Il est d'ailleurs impossible de pouvoir
imaginer et concevoir qu'il existe une espece de végétation au travers de la masse
dure et solide de la roche. La nature ne
nous présente nulle part aucun fait qui ait
une ressemblance, même éloignée, avec
ce phénomène ; tout au contraire, ce que
nous voyons dans les mines, contredit entierement cette hypothèse. Au reste on
peut encore lui objecter ce que nous avons
dit, à la fin du paragraphe précédent, au
sujets des galets, fragments de roche, pétrifications etc., qui se trouvent dans la
masse des filons.

Cette opinion de Lehmann sur la formation des
filons, sera certainement bien accueillie par

quelques nouveaux savants, qui regardent notre globe comme un être organisé (un animal d'une grosseur extraordinaire.)

§. 85.

Réfutation de la troisieme théorie.

La troisieme hypothese, plus que celles que je viens de réfuter, a été mise sous la forme d'une théorie; c'est celle qui a le plus de partisans : elle renferme deux propositions principales.

1. Les espaces qu'occupent les filons ne sont autre chose, que des fentes qui se font faites dans l'intérieur des roches.

2. Ces fentes se sont ensuite remplies de matieres minérales, qui constituent la masse des filons.

Non seulement j'admets la premiere de ces deux propositions, mais je crois encore, par les preuves, que j'en ai données, l'avoir mise hors de doute : Je crois avoir assigné (§. 29. 39. 40. 53. 57.), d'une maniere plus précise et plus exacte que personne, les causes qui ont produit ces fentes.

(la plupart des auteurs attribuoient leur origine à des dessechements et à des tremblements de terre.)

La seconde proposition, prise en général et telle qu'elle est énoncée ici, s'accorde entièrement avec ma théorie : mais les opinions sont partagées au sujet de la maniere dont les fentes se sont remplies : ces diverses opinions forment autant de branches ou subdivisions de cette théorie ; mais elles diffèrent toutes de la mienne et je les regarde comme erronées et inexactes. Voici les subdivisions de cette troisieme théorie.

a) Les espaces qu'occupent les filons ont été remplis, dans le tems du déluge (rapporté par Moïse), de matieres terreuses et pierreuses.

b) La masse des filons a été formée par des substances minérales, qui ont été entrainées et chariées par les eaux, qui, après avoir traversé les roches, ont pénétré dans les fentes et y ont déposé ces substances : les exhalaisons, qui se sont élevées du sein de la terre, ont agi sur celles de ces matieres terreuses, qui étoient propres à une pareille transmutation et les ont converties en minérais.

c) La masse des filons a été formée par des dépots et précipités, qu'ont produit les eaux, qui, ayant pénétré dans l'intérieur de la roche, y ont dissous et ensuite entrainé avec elles dans les filons les matieres de la gangue et des minerais, qui se trouvoient existantes dans la roche. Je vais rapporter ce qu'on peut objecter à chacune de ces théories en particulier.

§. 86.

Réfutation de l'hypothèse, *la masse des filons a été formée par les eaux du déluge universel.*

Elle avoit été embrassée par Stahl, mais elle est aujourd'hui abandonnée de presque tout le monde (§. 11). Dans cette hypothèse on regarde la masse des filons comme un précipité, provenant d'une inondation générale et qui a été de courte durée, telle est le déluge universel. Cette opinion tombe d'elle même; dèsqu'on vient à prendre en considération, non seulement la structure intérieure des filons, structure qui démontre que leur masse a été formée peu-à-peu et qu'elle provient d'une dissolution chimique, mais encore la variété si marquée de cette masse; cette variété, jointe aux autres particularités que présentent les filons, prouve qu'ils ont été formés dans des époques différentes et infiniment éloignées les unes des autres. On pourroit encore objecter à cette hypothèse, que dans les montagnes primitives on voit une grande quantité de filons remplis de morceaux des roches qui forment ailleurs les montagnes de nouvelle formation; ce qui nous montre que la durée de la formation des filons a été toute aussi longue que celle de la formation des montagnes mêmes. Il suit de là : non seulement que la durée d'un déluge est beaucoup trop courte pour la formation des masses des filons, et qu'elle n'est qu'un point à l'égard du tems qu'elle exige; mais encore que les filons ne présentent ni cette *uniformité,* ni cette structure qu'ils auroient, s'ils avoient été formés par une *dissolution mécanique,* telle qu'il faudroit la supposer en admettant l'hypothèse de Stahl.

§. 87.

Réfutation de l'opinion de ceux, qui attribuent à des exhalaisons souterraines la formation des minérais.

La seconde subdivision de la troisieme théorie est l'hypothese de ceux, qui regardent les matieres métalliques, qu'on trouve dans les filons, comme ayant été produites par des exhalaisons souterraines, qui ont exercé leur action sur les substances terreuses et pierreuses qui se trouvoient déja dans les filons et qui étoient propres à cette transmutation. Cette hypothèse, donnée d'abord par *Becher* (§. 10.) et ensuite adoptée par *Henkel* (§. 17.) et plusieurs autres, est combattue par les faits suivants. On ne trouve dans aucune de nos mines la plus petite trace des exhalaisons métalliques. La position et la forme des minérais, qu'on trouve dans les filons, montrent qu'ils ont une même origine que les pierres de gangue. Les mofettes, qu'on regardoit autre fois comme des exhalaisons arsénicales et métalliques, sont reconnues aujourd'hui pour n'être, au moins en grande partie, que du gaz acide carbonique, et nous connoissons les causes qui le produisent. Quant à cette régularité d'ordre et de position, que les minérais observent à l'égard des gangues, c'est une chose si connue que je me contenterai de dire ici; que j'ai souvent vu, dans les filons, de druses tapissées de gros cristaux dont la partie *supérieure* étoit elle même recouverte de cristaux de minérais et gangues placés les uns sur les autres; ainsi leur position dénotoit visiblement, que c'étoit des sédiments venus *d'en haut:* et il est impossible que ce phénomene ait été produit par des exhalaisons.

Dans le cabinet de minéraux de l'académie de Freyberg, on voit une druse de spath calcaire très belle et très intéressante formée par des pyramides de spath calcaire, et sur un des côtés desquelles se trouvent alternativement des couches de quarts, de galène, de mine de fer spathique.

Les minérais, que l'on trouve dans les assises et couches des montagnes, excluent entièrement toute idée de formation par le moyen des exhalaisons ou par une espèce de sublimation. Cependant ces minérais sont absolument les mêmes que ceux qu'on trouve dans le filons, il sont placés et disposés de la même maniere dans les couches et dans les filons, ce qui dénote une origine commune, dans les deux cas : or il est absolument impossible de concevoir comment ces minérais auroient pu être produits dans les couches par des exhalaisons. Dans le §. 90. on verra encore deux objections contre cette hypothese.

§. 88.

Objections et considérations sur les matrices des métaux.

Je réfuterai dans le §. 90. le systéme de ceux qui considérent la masse des filons comme un précipité formé par les eaux, qui, à travers la roche, ont pénétré dans les espaces qui occupent les filons. Je m'arrete actuellement à cette propriété chimique, qu'on attribue à certaines substances terreuses ou pierreuses des filons, propriété qu'on regarde comme nécessaire à la génération des métaux et en vertu de la quelle ces substances reçoivent et fixent les prétendues exhalaisons génératrices, ainsi elles servent de base chimique et de partie constituante dans la formation des métaux: elles sont en un mot ce qu'on appelle *matrices des métaux*. Ce rapport chimique, entre les terres ou pierres et les métaux que l'on trouve dans un même filon, n'est nullement confirmé ni par des observations positives et convaincantes, ni par des expériences faites dans nos laboratoires: au contraire on remarque une entière conformité de position et de forme entre les substances métalliques qui se trouvent dans un même filon. De ce que tel ou tel métal se trouve ordinairement avec telle ou telle pierre on ne peut rien conclure. L'on pourroit en inférer que le métal est la matrice de la pierre avec tout autant de fondement que l'on disoit autrefois que la pierre étoit la matrice du métal. Cette ancienne doctrine géognostique de la *matrice* des métaux est une nouvelle preuve, que, lorsqu'on a une fois adopté une opinion, on croit en voir des preuves partout, même dans des faits, qui n'y ont absolument aucun rapport, et qui quelque fois prouvent le contraire. De pareilles manieres d'observer nuisent singulièrement aux progrès des sciences, et malheureusement on n'en voit encore de nos jours que trop d'exemples. Toute cette théorie des *matrices* des métaux (qui cependant a conduit à regarder les filons comme produits par une transmutation de la matiere de la roche) répose sur deux prétendues propositions de chimie, qui sont fausses; mais qui étoient en grande vogue autrefois: savoir, que les métaux sont composés de terres, en partie non métalliques; et qu'avec de simples

terres non métalliques on peut artificielle-
ment composer des métaux. Cette dernière proposition étoit fondée sur une expérience aussi célébre qu'insignifiante de
Becher; par la quelle on produisoit quelque
peu de fer en travaillant et distillant avec de
l'huile de lin du mastic fait avec de la bri-
que pilée.

§. 89.

Des fermentations dans l'intérieur des montagnes.

Je ne puis m'empecher de remarquer,
au sujet des fermentations, que quelques
auteurs prétendent exister continuellement
dans l'intérieur des roches (opinion que
Henkel a soutenue le premier, autant que
je puis m'en rappeller); qu'on ne voit pas
même la trace de pareils effets et phénomenes dans l'intérieur des roches ni même dans
les gîtes de minérais, supposé que ces gîtes
soient clos et qu'ils ne soient point en contact
avec l'air de l'athmosphére. Si l'on vouloit
faire passer l'efflorescence et la décomposition des pyrites pour une semblable fer-

mentation, ce qui d'après moi est bien différent, je répondrois : que cette décomposition n'est propre qu'aux pyrites sulfureuses : car l'efflorescence que l'on voit quelquefois dans les autres pyrites n'a lieu que dans celles qui contiennent de la pyrite sulfureuse martiale ; secondement toutes les variétés de cette pyrite ne tombent pas en efflorescence, il n'y a que l'hépatique, la rayonnée et celles, qui se rapprochent de ces variétés ; troisiemement toute espece de pyrite, même celle qui est susceptible de tomber en efflorescence, ne se décompose jamais dans des lieux clos, tels que sont ordinairement les gîtes de minérais, mais seulement lorsqu'elle est exposée au contact de l'air atmosphérique et principalement à une alternative de sécheresse et d'humidité, de froid et de chaud. Les monceaux de décombres extraits des mines (*Halden*) qui contiennent des pyrites, répandent une odeur très forte, lorsqu'en plein air ils sont exposés aux rayons d'un soleil fort chaud : si la décomposition avoit également lieu dans l'intérieur des montagnes, combien n'affecteroit-elle pas notre odorat dans des endroits renfermés comme les mines : c'est cependant ce qui n'arrive point ou seulement très peu, même dans des filons qui abondent en pyrites.

De même j'ai trouvé; que ce que l'on dit de la grande chaleur, qu'on éprouve dans les mines pyriteuses est dénué de fondement. Sans doute l'air est en hiver plus chaud dans l'intérieur des mines que dans l'athmosphere : de même il peut se faire que certaines mines et galéries, dans les quelles il n'y a point de circulation d'air, peuvent être échauffées plus que les autres par le séjour des ouvriers et par la chaleur de leurs lumieres. Mais quant à ce qui est des mines de pyrites, et il y en a beaucoup à Freyberg, je n'ai jamais remarqué que la température y fut plus chaude que dans les autres : même dans les mines de pyrites de *Catharina* à Raschau et *Stam-Asser* à Graul, je n'ai point éprouvé cette chaleur, dont on m'avoit parlé et que je souhaitois alors y trouver.

L'expérience et les observations de trente ans m'ont également convaincu du peu de fondement des prétendus *indices* de l'existence des filons métalliques: ces indices étoient suivant les anciens; a) des météores ignés, que l'on voyoit dans les endroits où les filons viennent au jour: b) la promptitude avec la quelle la neige se fond; c) la mauvaise venue et le mauvais port des plantes et des arbres sur les montagnes qui renferment les mines. Nos bons ancêtres étoient très enclins à croire des choses, que nous ne voyons aujourd'hui nulle part dans la nature, et dont on parle à peine. Ces prétendues apparences ont fait place à des connoissances réelles. On doit pardonner à nos prédécesseurs d'avoir cru et admis des choses, qui cadroient avec les théories (sur la formation des filons et minérais) de ce tems. Ils vouloient paroitre, aux yeux de leurs contemporains, des personnes qui avoient de l'expérience et des connoissances. Si cela n'étoit ni sincere ni convenable à des philosophes, cela montre du moins qu'ils faisoient cas de la théorie et de l'expérience et qu'ils en faisoient volontiers parade.

§. 90.

Réfutation de l'hypothese, dans la quelle on regarde la masse des filons, comme ayant été déposée par des eaux, qui s'en étoient chargées en traversant la roche.

Un grand nombre de Naturalistes regarde la substance (le minérai tout comme la gangue) des filons, comme formée ou plutôt comme déposée par des eaux, qui ayant pénetré dans la roche y ont dissous diverses substances terreuses et métalliques, s'en sont chargés, les ont entrainées dans les espaces qu'occupent les filons, et les y ont déposées. A cette théorie on peut objecter 1., que la matière du filon est d'ordinaire, (chimiquement parlant) d'une nature entièrement différente de celle de la roche dans la quelle le filon se trouve; 2. que dans une seule et même montagne on voit des filons, qui, quoique entrelacés, sont d'une substance entièrement différente; 3. qu'au contraire, il arrive que des filons d'une même matière se trouvent dans des roches d'une espèce toute différente. (Par

exemple dans nos montagnes de gneïs, parmi les filons métallifères, on trouve des filons de spath brunissant ou de spath pesant. Combien la nature de ces minéraux
ne differe-t-elle pas du gneïs? et à plus
forte raison, quelle grande différence n'y
a-t-il pas entre le gneïs et des minérais
métalliques? De plus: dans le Derbishire
tous les filons qui courent dans les montagnes calcaires secondaires sont de spath
pesant et de spath fluor: dans les montagnes calcaires de Saalfeld, le spath pesant est la seule espèce de gangue des filons.
Difficilement verra-t-on un endroit, où
l'on trouve, d'une maniere aussi remarquable que dans le district de Freyberg, *un
assemblage de filons de plusieurs matières différentes,* et cela dans une seule
espece de roche et dans une même contrée. L'on y trouve voisins les uns des
autres des filons de quarts, de spath pesant, de spath pesant et fluor, de limon
argilleux (*letten*) et souvent ces filons se
croisent. Nous verrons, dans le dixieme

chapitre, que les minérais des filons de ce district sont d'une nature presque ainsi variée que les gangues. Comment seroit-il possible, qu'une seule et même montagne, une seule et même espece de roche (car dans presque toute la contrée on ne voit que du gneïs) eût pû fournir tant de formations différentes: ces formations sont à la vérité contenues dans des filons, d'une direction différente, mais qui se croisent presque tous et qui parconséquent auroient dû étre remplis par les mêmes canaux (d'infiltration) *déférents?*

Lorsque dans une seule et même montagne, dans une seule et même espece de roche, trois filons, par exemple, se croisent, et que de ces filons, l'un renferme du spath pesant, l'autre du quarts, le troisieme du spath brunissant (et cela n'est pas rare dans ce district); comment dis-je, dans ce cas où les trois filons ont les mêmes canaux déférents, seroit-il possible que l'eau eut pris du spath pesant, pour le charrier dans un filón, que dans la même roche l'eau eut pris du quartz uniquement pour le second filon, et du spath brunissant pour le troisieme. A Ehrenfriedersdorff dans un même endroit, il y a des filons d'argent et des filons d'étain, qui ont une direction différente et qui se croisent ; comment, demanderai-je, dans une seule et même roche l'eau auroit-elle pu se charger des particules d'argent pour les porter dans un filon, et des particules d'étain pour les porter dans un autre ? C'est ce qu'il n'est nullement possible de concevoir ?

Quant à ce qui est de l'existence *d'une même formation de filons,* dans des roches d'une nature différente, je dirai que la plus ancienne formation de galène de ce pays (elle consiste en galène, blende noire, pyrites arsénicales, cuivreuses, sulfureuses, quartz et quelque peu de spath brunissant) se trouve

à Freyberg dans des roches de *gneis,*

auprès de Mohorn dans des roches de *porphire,*

auprès de Muntzig dans des roches de *schiste argilleux*.

De même la formation de galène, pauvre en argent, et contenant du spath pesant et du spath fluor, se trouve

auprès de Freyberg dans des roches de *gneïs*.

à Derbishire en Angleterre dans des roches *calcaires*.

Cette existence d'une même formation de filons, dans des roches d'une nature chimiquement différente prouve évidemment que la roche de la montagne n'a aucune influence sur ces formations.

La fausseté de l'hypothèse que nous attaquons dans ce paragraphe, se démontre encore par la structure intérieure des filons. Les filons, comme nous avons déja dit, sont composés de couches paralleles aux saalbandes ; les cristaux et leurs empreintes montrent clairement, que les couches extrêmes ont été formées les premieres. Or si les filons eussent été remplis

par une infiltration intérieure, ces premieres couches auroient obstrué les orifices
des prétendus canaux déférents; parlà
elles auroient empeché l'entrée de tout
nouvelle matiere et arrété la formation du
filon.

Remarquons encore que la circulation
des eaux, telle qu'elle est nécessaire dans cette hypothèse, ne peut nullement avoir lieu
dans les parties des filons et des veines, qui
sont au dessous du niveau du pied des montagnes. De plus dans les fentes ouvertes
et filons crevassés, que l'on trouve dans les
mines, il y pénétre beaucoup d humidité:
mais dans une roche compacte et peu fendillée, principalement lorsque les strates en
sont horizontales, le roc est souvent très
sec, au grand prejudice des ouvriers, qui y
poussent des galeries de traverse. De plus
les eaux, qui, ayant pénétré dans le rocher, y ont dissous et pris une aussi grande
quantité de matieres terreuses et pierreuses
qu'il en a fallu pour former la masse de ce
grand nombre de filons, que l'on voit les

uns auprès des autres, à Freyberg, ou de ces puissants filons du Harts, ces eaux, dis-je, devroient avoir laissé dans la roche des vides et des ouvertures considérables; c'est cependant ce qu'on ne voit nulle part. En outre dans les parties de la roche, qui sont éloignées des filons et couches métalliferes, on ne trouve aucun indice de substances métalliques, si toute fois on en excepte quelques particules insignifiantes de fer. Enfin l'on peut objecter à cette théorie; que: si les eaux, qui ont filtré à travers les roches, y ont dissous une si grande quantité de particules métalliques, et s'en sont chargées; les eaux qui sortent des filons métalliferes devroient entrainer avec elles une grande quantité de particules métalliques; ce qui cependant n'arrive pas, même dans les pays qui renferment le plus de mines: très rarement ces eaux sont chargées de quelque peu de fer, à peine de quelques parcelles de cuivre, et jamais d'argent, de plomb, d'étain, de zinc, de cobalt, de mercure, d'arsenic etc.

Ce que j'ai dit, dans ce paragraphe au sujet de certains districts, dans lesquels on trouve les uns auprès des autres des filons, qui renferment chacun des minérais de nature différente, ainsi que sur les *obstructions des canaux* d'infiltration par les premieres couches des filons, qui se forment immédiatement sur les saalbandes; tout cela peut également s'objecter contre la théorie déja refutée §. 87; théorie dans la quelle on attribue la formation des filons et des minérais à des exhalaisons métalliques provenant de l'intérieur du globe.

§. 91.

Réfutation de la théorie de la *transmutation*.

Il me reste maintenant à examiner et réfuter la quatrieme théorie sur la formation des filons. Zimmermann, qui en est l'auteur, prétend; que la roche étoit traversé par de petites fentes ou fissures, et que des dissolvants, s'étant introduits dans ces fentes, ont transformé la substance de la roche en celle du filon. Ce qu'on peut objecter de plus fort à cette théorie et ce qui suffit pour la renverser entierement, c'est que; non seulement toutes lés observations exactes faites sur les masses des mon-

tagnes et des filons (tant sur les minéraux
en particulier, que sur l'arrangement et la
disposition des minéraux entr'eux), mais
encore toutes les expériences faites dans les
laboratoires de chimie, contredisent absolument toute transmutation des parties simples et élémentaires de corps, telles que
les transformations d'une base terreuse en
une autre, d'une terre non métallique en
un métal etc.

> L'*intransmutabilité* des parties simples et éle-
> mentaires des corps est un des piliers fon-
> damentaux et inébranbables de la chimie.

Nulle part on n'a vu même la trace
d'une pareille transmutation et jusqu ici
on n'a pû citer le moindre fait, ni une seule
expérience qui en fut réellement la preuve.
Car lorsqu'un minéral se change en un autre,
c'est à dire lorsqu'un minéral perd une de
ses parties constituantes ou qu'il en ac-
quiert une nouvelle; par exemple lorsque
l'argent natif devient de l'argent vitreux
(sulfure d'argent) lorsque le feldspath se
change en terre de porcellaine (Kaolin),

que la pyrite sulfureuse devient ocre de fer; parla le minéral est bien changé en un autre, mais les parties simples et constituantes n'ont éprouvé en ellesmêmes aucun changement; c'est toujours la même terre argilleuse, ou siliceuse, le même oxide de fer, le même argent. De même lorsque dans un même échantillon on trouve ensemble du spath pesant et du quartz, ou même du silex et de la pierre calcaire; ou bien lorsque dans un échantillon, des particules de spath pesant et de quarts, ou des particules siliceuses et calcaires sont intimement mélées entr'elles; on ne peut nullement en conclure que le spath s'est changé en quartz, ou le silex en pierre calcaire et réciproquement; mais bien que les pierres qui composent un même échantillon ont été formées à côté les unes des autres en même tems ou en des tems différents. Dans les §. §. 58, 59, 70, 71, 72, 73, j'ai parlé de plusieurs de ces prétendues preuves de la transmutation de la roche, en masse de filon; et j'ai montré combien ces preuves étoient peu convaincantes, combien elles étoient inadmissibles.

Je veux cependant donner aux sectateurs de cette théorie une occasion d'en poser, s'il est possible, des fondements solides ; et d'en donner des preuves lumineuses et capables de l'étayer : c'est ce qu'ils pourront faire en répondant aux questions suivantes. Quelle est, demanderai-je d'abord, cet agent chimique si actif, qui peut tout ; qui peut changer et qui a dû changer le quarts et le mica en or et argent le grès en charbon de pierre? Quel est la nature d'un agent si puissant? Connoissons nous dans la nature rien de pareil, rien qui en approche? A-t-on trouvé quelque part une pareille matiere qui agisse encore? S'est on convaincu de son existence? A-t-on une expérience sure, ne fut-ce qu'une seule, qui prouve que cette substance, qui opere de si grands changements, a, en dépit de toutes les expériences et théories chimiques, converti un minéral quelconque en un autre dont les parties élémentaires ou seulement les bases sont de nature différente? Dans un pareil fait, qu'il faut cependant citer pour prouver cette théorie, qui pourra certifier que le minéral prétendu transformé étoit auparavant tout autre, et qu'il l'étoit certainement? Qui pourra dire qu'un minéral, qu'on a sous ses yeux, ne s'est pas précipité d'une dissolution; mais que c'étoit autre-fois un autre minéral, qui, à l'aide d'un principe connu ou inconnu, s'est transformé et est devenu celui que l'on voit? Les réponses, faites à ces questions, et faites d'une maniere catégorique seront les preuves de la vérité et de la validité de cette théorie; mais, tant qu'on ne pourra pas y répondre ou qu'on ne le fera pas, cette théorie restera absolument dénuée de tout fondement.

Au reste on n'a encore rien moins qu'expliqué à l'aide de cette théorie, les phénomènes et particularités que présentent les filons ; elle ne peut rendre raison des faits même les plus simples, parcequ'ils la contredisent presque tous. Comment rendra-t-elle raison de la structure intérieure des filons, lorsque ces filons sont composés de diverses couches de cristaux placées les unes sur les autres, et dont l'intérieur renferme encore des druses ouvertes ? On voit clairement, que c'est par une cristallisation, que les deux couches extrêmes se sont déposées sur le toit et sur le mur ; une seconde cristallisation a formé les deux couches attenant aux premières ; la partie de ces nouvelles couches, qui est appliquée sur les précédentes, a pris l'empreinte de leurs cristaux ; sur les secondes couches, de chaqu'un des deux côtés, il s'en est encore déposé de nouvelles ; ainsi successivement jusqu'aux parties les plus intérieures des filons, qui présentent quelque fois des druses ouvertes. Comment est-il possible d'expliquer toutes ces particularités à l'aide de la théorie de la transmutation ? Est-il possible d'imaginer que les cristaux, souvent très gros, que l'on voit dans l intérieur des filons, ayent été produits par la transmutation d'un morceau de gneis ou de granit? Comment une transmutation de la roche a-t-elle pu produire ces druses ouvertes et souvent fort considérables que l'on voit dans les filons?

Passons à la matiere même du filon, et je demande: comment cette théorie peut-elle rendre raison de la grande diversité que présente la matiere des filons, de la différence entre les especes de minérais? peut-elle expliquer comment des filons ont été remplis uniquement par du charbon de terre, du sel gemme? De plus, dans une même contrée, d'où vient que l'on voit des filons, dont la matière est si différente; (par exemple des filons de galene, des filons d argent, des filons de cuivre, etc.) et cependant chacune de ces especes de filons affecte une direction différente? Il y a des filons, dont la masse est très composée, dans lesquels une seule formation renferme quelque fois six, huit especes de

fossiles particuliers; dans lesquels on trouve quelquefois deux ou trois formations ensemble: Je demande si la transmutation de
la roche a produit tous ces fossiles si différents? Un seul principe, un seul agent n'a
certainement pas changé le gneis en galène,
en argent, en pyrite, en quartz, en spath
pesant; et si pour transformer une même
roche en différentes especes de fossiles, ou
pour transformer différentes especes de roches en un même fossile (comme pour con-
vertir en galène ou un morceau de granit,
ou un morceau de pierre calcaire), si, pour
chacune de ces transformations, il falloit
un agent particulier, où en serions nous
avec cette multitude d'agents propres à opé-
rer les transmutations? Je demanderai encore si la théorie de la transmutation peut
rendre raison des pierres roulées, des pétrifications, des fragments de roche, qu'on
trouve dispersés dans la masse des filons.
La présence de ces matieres dans les filons
exclut toute idée même éloignée d'une
transmutation.

Ce ne sont pas encore, bien s'en faut, toutes les difficultés et objections qui s'opposent à l'admission de cette théorie. Si les filons doivent leur origine à une substance, qui s'est introduite dans des fentes étroites, et qui y a produit une transmutation de matiere; il n'y a pas de raison pour que cette même substance *transmutatrice* ne se fut également introduite dans toutes les fentes des montagnes, particulierement dans ces fentes étroites (*Schichtungsklüfte, fissures de stratification*) qui séparent les couches ainsi que les strates des roches les unes des autres, et pour qu'elle n'eût pas transformé la roche entière en gangue et minérai. De plus on a peine à concevoir comment les fentes capillaires, qu'on admet dans cette hypothèse, ont pu s'étendre à plus d'un mille en largeur, et à une très grande profondeur; cette supposition est cependant nécessaire pour expliquer la formation des filons puissants. On ne voit pas non plus pourquoi de pareilles transmutations n'arrivent plus denos jours.

Les sectateurs de la théorie de la transmutation n'ont pas encore décidé, s'ils ad-
mettent une formation de crevases et de
fentes produites de tems à autre dans les rochers, et s'ils peuvent admettre que ces
fentes se sont remplies (par le haut), d'une
matiere qui s'y est précipitée. Si on réfu-
soit d'accorder la formation et l'existence
des fentes, je renverrois au §. 40. où j'ai
fait voir qu'il s'en forme encore de nos jours.
En admettant ces fentes, on convient qu'il
y a des filons qui ont d'abord été des fentes,
qui se sont ensuite remplies de précipités.
Alors je demanderai: en quoi les filons formés de cette maniere, différent-ils de
ceux qui l'ont été par la transmutation; et
comment peut-on reconnoitre cette différence? S'il n'y en a aucune; alors la théorie de la transmutation devient inutile.

Enfin l'on peut demander: de quelle maniere les mêmes minéraux que l'on voit dans
les filons, ont-ils pu être produits dans les
couches des montagnes? il n'est gueres pos-

sible de concevoir la transmutation des couches. Car si sur le globe, ainsi que dans son intérieur, tout avoit éprouvé une transformation; quelle seroit dans la masse de montagnes la partie qui l'auroit subie la première, pour devenir ce qu'elles sont aujourd'hui? Mais si les minérais, et en général les minéraux, que l'on trouve en couches dans les montagnes, proviennent d'une précipitation (par voie humide). Qu'est-ce qui empêche de supposer une même origine à ces mêmes substances, lorsqu'elles se présentent dans les filons? et dans ce cas la théorie de la transmutation seroit encore superflue.

J'espere que ce que je viens de dire sur cette quatrieme theorie principale de la formation des filons, est suffisant pour prouver son insuffisance et montrer combien elle est inadmissible.

CHAPITRE NEUVIEME.

De l'application de la nouvelle théorie des filons aux travaux de l'exploitation des mines.

§. 92.

Nombreux avantages de la nouvelle théorie.

Après avoir entièrement terminé l'exposition de ma nouvelle théorie, après avoir répondu aux objections en partie faites et en partie à faire contr' elle, après avoir réfuté les anciennes hypotheses, il ne reste plus qu'à faire l'application de cette nouvelle théorie à l'art de l'exploitation des mines, et à montrer ainsi son utilité. Je le ferai d'autant plus volontiers, que j'ai travaillé cet objet non seulement en Géognoste, mais encore en Mineur.

Les avantages, que celui ci peut rétirer de cette théorie et que je vais exposer en peu de mots sont, fort *étendus* et *nombreux.*

§. 93.

Le premier avantage important que cette théorie procure au mineur, c'est de lui faire connoitre d'une maniere plus exacte *l'état physique* des différents districts et arrondissements de mines, et par là de lui servir de guide pour se diriger dans les fouilles, qu'il est obligé de faire dans tout un district en général, et en particulier dans la recherche des endroits qu'il convient le mieux d'exploiter.

La nouvelle théorie apprend

1. à connoitre les divers *dépots* et *formations de minérais* qui se trouvent dans un certain district,

2. à en fixer l'*étendue* et les *limites naturelles.*

3. Elle dirige et fixe l'attention sur les *entrelacements* de ces dépots.

§. 94.

Distinction des divers gîtes de minérais.

Secondement elle nous met en état de distinguer ces *gîtes particuliers*, qui, sous

Q

la forme de précipités, *couvrent le fond du réservoir* dans lequel se trouvoit la grande dissolution qui les a produits, tels sont les lits, couches, [5]) bancs, *liegende*

---

50) *Werner* distingue les *gîtes de minéraux* en généraux et *particuliers*; les premiers sont les *masses des montagnes*; les seconds sont *contenus* dans ces masses.

Les *gîtes particuliers* étant de formation *contemporaine* (si l'on peut employer cette expression) ou *postérieure* au *gîte général* qui le renferme, on les divise en deux classes.

Ceux de la premiere sont des *couches* placées entre les strates d'une montagne: elles leur sont *paralleles*, mais sont d'une *substance différente:* elles ont été formées immédiatement *après* les strates sur les quelles elles reposent et immédiatement *avant* celles qui les recouvrent. Les couches ont en allemand divers noms (*Lager, Flötze, Bänke, liegende Stökke, Stukken Gebirgsmasse*) pris de la différence,

a) de formation de la montagne dans la quelle elles se trouvent,

b) de grandeur,

c) et de rapport de leurs trois dimensions.

Les *gîtes particuliers* de la seconde classe sont des fentes, qui se sont faites dans une montagne déja formée, et se sont ensuite remplies de substances minérales: ainsi ils coupent les strates de la montagne et sont d'une formation *postérieure* à la leur.

Werner admet quatre especes de ces gîtes:

1) les *filons;*

2) les *amas* (Stockwerke), assemblages de petits filons ou *veines* qui traversent, dans toute

Stöcke, quartiers de roche; d'avec ceux, qui également sous la forme de précipites se sont formés dans des ouvertures profondes, tels sont les filons de toute espece, les amas, *stehende Stöcke*. Comme chacun de ces gîtes a sa maniere d'être différente de celle des autres, la nouvelle théorie nous met en état de diriger les travaux de l'exploitation d'une maniere conforme à la nature de ceux que l'on exploite.

§. 95.

Quels sont les filons qu'il convient d'exploiter?

Elle sert troisiemement à décider quels sont les filons qu'il convient d'exploiter de

---

sorte de directions, un quartier de roche et ont été formés *presque* en même tems que cette roche:

3) les *stehende Stöcke*, especes de grandes *fentes cunéiformes* ou même coniques, très larges à leur base et remplies d'une matiere minérale différente de celle de la roche adjacente;

4) les *Butzenwerke*, grotes, dans des roches calcaires, qui se sont peu à peu remplies de substances minérales et métalliques, tel est un gîte de mine de fer pisiforme que Buffon possedoit en Bourgogne.

Cette matiere sera traitée fort en détail dans le *Cours de Géognosie de Werner*. (*Note du traducteur.*)

préférence à d'autres.   Car quoiqu'on soit décidé à l'exploitation

par l'espéce et la richesse du minérai que le filon contient principalement,

par la puissance de ce filon,

par la graudeur des masses de minérais qu'il contient te l'éloignement respectif de ces masses,

par l'abondance du métal qu'elles renferment et par diverses autres circonstances qui favorisent ou aggravent les travaux de l'exploitation;

En outre on doit principalement avoir égard au nombre de précipitations de minérais qui peuvent s'être formées dans un filon, c'est-à-dire au nombre de formations métalliques qu'il peut contenir en même tems.

§. 96.

De la recherche des *masses de minérai (Erz-puncte.)*

Cette théorie sert quatriememement à faciliter et perfectioner la recherche des par-

ties du filon où se trouve le minérai.   Car
si je sais , où et de quelle maniere une formation de métal se trouve dans un filon, je
suis en état de cheminer plus surement vers
la masse et le lieu qui renferme le minérai.

§. 97.

Rapports des filons entr'eux.

Cinquiemement : elle nous apprend principalement par la détermination de l'âge
relatif des filons à juger sainement des particularités qu'ils présentent,   lorsqu'ils
viennent à se croiser, se traverser, se
joindre, se déranger, se ramifier et se couper ; ce qui peut servir à tirer le Mineur de
l'embarras, dans le quel le jettent ces ac-
cidents.

Ma théorie donne encore des lumières
sur les rapports des filons aux strates et
couches de la montagne, dans la quelle ils
courent ; et réciproquement sur les rapports de ces strates et couches avec les
filons.

§. 98.

Identité des filons.

Par elle, mieux que de toute autre manière, on peut décider si un filon, que l'on rencontre, est le même qu'un autre qu'on connoit déja, ou s'il en est différent. Je crois, que dans cet examen l'on a procédé jusqu'ici trop juridiquement et sans assez consulter la nature.

§. 99.

Septiememement: cette théorie nous apprend, si la roche contribue, ou non, à la formation des filons métallifères. Elle nous fait voir que la roche prise en elle même n'a absolument aucune influence sur la qualité des minérais, qu'on voit dans les filons: mais que leur formation dépend de l'âge ou plutôt de l'existence et de la disposition de la montagne, dans le tems qu'elle étoit recouverte par la dissolution, d'où la matière des filons s'est précipitée. Elle nous explique, comment de nouvelles roches en se formant ont pu recouvrir les anciennes ; de sorte que les filons, que celles-ci renferment ne pouvant traverser ces roches de formation postérieure à la leur ne sauroient parvenir au jour.

§. 100.

Huitiemement : elle fournit une methode et un language tant pour les observations, recherches et opérations de pratique, que dans l'exposition théorique et scientifique de cette partie de la minéralogie et de la science des mines.

En continuant de travailler et d'appliquer cette théorie, on y decouvrira très vraisemblablement de nouveaux avantages : elle n'est encore qu'au berceau.

§. 101.

Quels sont ceux, qui peuvent rétirer les plus grands avantages de la nouvelle théorie.

Il peut se présenter dans l'exploitation des mines des cas aux quels on peut appliquer sur le champ et immédiatement ma théorie: mais le plus souvent on ne peut se promettre que peu d'avantages d'une application faite sans suite, sans ensemble: alors elle peut même induire en erreur; et de pareilles applications peuvent faire naitre de la méfiance contr'elle. Car à l'exception de quelques propositions générales et aisées à comprendre, elle est trop compliquée, et trop au dessus de la portée de beaucoup de personnes employées au service des mines. Elle exige un esprit de combinaison et de sagacité dans l'observateur, qui doit être familiarisé avec les principes théoriques, exercé dans les observations particulieres, et habitué à les combiner. Les personnes qui réunissent ces qualités peuvent seules employer ma théorie avec fruit: aussi l'application en convient-elle principalement aux directeurs et conseils, qui dirigent les travaux de tout un district: elle peut leur être utile, si elle est appuyée sur des observations suffisantes, si elle est en quelque sorte *localisée*, si ces observations sont recueillies et rédigées d'une maniere convenable. Alors, dans tous les travaux d'exploitation, que l'on peut entreprendre, elle fournira à ces conseils et directeurs des lumieres ainsi que des connoissances sur l'état et la nature des gîtes de minérais, surtout des filons, qui se trouvent dans leurs districts.

§. 102.

Plan et description géognostique d'un district de mines.

Lorsqu'on voudra appliquer avec fruit ma théorie à l'exploitation des mines d'un district, il est absolument nécessaire de commencer par recueillir et disposer dans un ordre convenable toutes les connoissances que l'on a sur le gissement des fossiles, connus dans le district, et susceptibles d'exploitation, ainsi que sur les rapports que ces gîtes ont entr'eux. Ce recueil peut et doit se faire de deux manieres, il faut d'abord construire, d'après les principes de la nouvelle théorie, un *plan géognostique du district,* et y joindre une *de-*

scription géognostique du district. Ce plan et cette description doivent être exécutés d'après les mêmes principes, être également complets et se rapporter tellement l'un à l'autre, qu'ils puissent toujours se servir mutuellement d'explication. Si ces deux ouvrages sont suffisamment complets et faits avec l'exactitude convenable; ils seront la base, sur laquelle on pourra, de la manière la plus sure, établir tous les plans et projets relatifs à l'exploitation des différents gîtes de minérais, qui se trouvent dans le district.

§. 103.

Manière de faire le plan géognostique.

Le plan graphique et géognostique du district doit consister en deux cartes ou dessins principaux: l'un sera le plan du terrain, pris au jour et s'appellera *plan extérieur* ou *carte territoriale du district*; l'autre sera un plan ou coupe horizontale faite dans l'intérieur du terrain; et c'est

sur ce dernier qu'on tracera tous les objets géognostiques les plus remarquables. Cette coupe sera faite de la manière la plus avantageuse, si elle passe par la base d'une galerie d'écoulement, principalement de celle qui est traversée par le plus grand nombre de galeries et percements souter-rains et où parconséquent le terrain est le plus connu : ainsi il faudroit choisir la *galerie d'écoulement* la plus profonde du district. Le dessin seroit intitulé *plan intérieur du district*, ou bien *coupe ou plan sur le sol de la galerie N....* Sur ces deux especes de plans l'on marqueroit, non seulement les roches de différentes espèces, leur étendue, et on les distingueroit les unes des autres par des couleurs pâles; mais encore on marqueroit les divers gîtes de minérais (couches, filons, et autres), on auroit égard à leur direction, à leurs sinuosités et variations et autant que possible à leur puissance. On noteroit encore sur ces plans les assises et couches de roche remarquables et connues, tels que les cou-

ches de porphire, de hornblende schisteuse, de quartz, de pierre calcaire et autres semblables.

L'on distingueroit les diverses formations de filons par des couleurs différentes et plus foncées que celles qui représentent les roches, en ayant soin de marquer avec exactitude les intersections et les dérangements des filons. Sur le plan extérieur l'on marqueroit l'allure des filons. Comme la galerie de décharge, sur laquelle est faite le *plan intérieur*, est poussée sur les filons du district, le plan de la galerie contiendroit celui des filons ; la partie du filon parcouru par la galerie seroit tracée en plein ; le reste de leur direction', au cas qu'ils fussent encore reconnus par d'autres ouvrages, ne seroit que ponctuée.

Voici comme l'on pourroit à peu près représenter la puissance des filons et de quelques autres gîtes. On marqueroit par une trait ordinaire les filons qui ont 6 pouces de puissance et au dessous : depuis 6 jusques à 20 pouces, on les marqueroit par un trait d'un

seizieme de pouce en l'argeur; depuis 20
pouces jusqu'à une toise, le trait auroit un dou-
zieme de pouce; et il auroit un huitieme, si les
filons avoient une puissance de plusieurs
toises.

Quant aux couleurs à donner aux gîtes et
filons métallifères on se regleroit sur le métal, qui fait l'objet principal de l'exploitation
du filon. Ainsi pour l'or on se serviroit du
jaune, pour l'argent du rouge, pour le cuivre
du vert, pour le plomb du bleu. Comme
les couleurs primitives ne suffiront pas pour
désigner tous les métaux; il faut se servir de
la même couleur qui représente un métal dans
une contrée, pour en représenter un autre
dans une contrée différente: Ou bien, pour
un métal il ne faut employer qu'une nuance
d'une couleur primitive; pour l'argent par
ex. un rouge jaunâtre, pour le mercure un
rouge bleuâtre.

Pour éviter les longueurs, j'omets les
autres détails relatifs à la confection des plans.

Ces plans dessinés avec exactitude
serviroient à des comparaisons fort instruc-
tives, et ils s'expliqueroient mutuellement.

§. 104.

Subdivision des deux plans.

De pareils plans, pour de grands districts, dessinés sur une même feuille seroient beaucoup trop grands et d'un usage trop incommode; il faut les subdiviser et les dessiner sur plusieurs feuilles séparées, dont chacune renfermera un *Quartier:* au besoin on pourroit rapprocher ces feuilles et les joindre de maniere à ne former qu'un tout. Chaque quartier pourroit avoir 500 T. de long et autant de large. Ces divers plans seroient orientés sur la direction principale des filons, ou sur le vrai méridien du lieu, ou sur le méridien magnétique, ou sur une *heure* quelconque soit de la boussole, soit de la *direction reduite.* Chaque quartier seroit divisé en diverses *bandes,* aux quelles on donneroit diverses dénominations, et divers numéros.

La subdivision d'un district en quartiers faciliteroit et abrégeroit beaucoup la

confection des plans généraux; car après
avoir une fois partagé le district en quartiers, on leveroit le plan de chacun séparément.

> Les plans des quartiers pourroient encore aisé-
> ment servir a la construction d'un plan parti-
> culier pour le terrain appartenant à une mine.

Outre les deux grands plans (extérieur
et intérieur) du district; il faudroit encore
pour chaque filon principal une plan ou
coupe faite sur la ligne de direction et d'inclinaison, ainsi qu'un profil vertical. Sur
la coupe on marqueroit toutes les exploitations faites dans le filon, on tiendroit note
de leurs progrès successifs et des minérais
qu'on en a rétirés.

§. 105.

Déscription géognostique du district.

La déscription du district de mines
doit conténir un état de son extérieur, de
sa situation, de ses limites, de la nature
des roches qu'il renferme, ainsi que de
leurs rapports les unes à l'égard des autres :

cette déscription doit de plus contenir principalement un etat exact, général et particulier ou plutôt *individuel* de tous les gîtes de minérais connus et rémarquables qui se trouvent dans le district.

§. 106.

Déscription généralle et particuliere des gîtes.

Dans la déscription générale des gîtes de minérai, l'on fixera l âge et les caracteres distinctifs de chaque formation. Lorsqu'on fera la description particulière de chacun de ces gîtes il faudra les placer les uns après les autres dans l'ordre local, tels qu'on les trouve : il faut les décrire en détail et chacun en particulier : on tiendra notice de tout ce qu'il peut y avoir d'intéressant et qui peut avoir une influence sur les travaux ultérieurs de l'exploitation.

§. 107.

Titres à donner à ces déscriptions.

La déscription particulière des différents gîtes de minérais sera intitulée *état des différents gîtes de minérai du district N...;* le titre de la description générale sera *description générale et géognostique du district N...* Ce dernier ouvrage contiendra non seulement une description du district en général, mais encore un état des diverses formations de minérais, qu'il renferme : il servira de base à toutes les descriptions particulieres, et il présentera un apperçu du district. Il sera en quelque sorte un abrégé des descriptions particulieres et celles-ci en seront le développement.

§. 108.

Voici je crois l'ordre dans le quel il convient de ranger ces descriptions particulieres. La description particuliere de chaque gîte doit être renfermé dans un cahier séparé convenablement coté et numéroté. Ces cahiers seront placés par ordre dans des cartons. Dans les grands districts partagés en plusieurs quartiers, la description et le plan de chaque quartier, avec une note succinte de l'état des gîtes qu'il ren-

ferme, seront mis ensemble dans un car-
ton particulier.

§. 109.

Maniere de faire la description d'un filon.

Comme dans ce traité je ne me suis, à
proprement parler, occupé que des filons;
je crois devoir rapporter ici les points aux-
quels il faut principalement avoir égard en
les décrivant, ce que je dis des filons convient, à peu de chose près, aux autres gîtes de minérais. Voici ce qu'il faut observer dans la description d'un filon.

I. *L'état extérieur* du filon, ce qui
comprend

1. sa *position*, sur quoi il faut remarquer:

A. son éloignement de certains points
fixes et connus;

B. sa direction;

C. son inclinaison, c'est-à-dire

a. l'angle d'inclinaison

b. le point de l'horizon vers lequel il est dirigé.

2. Son *volume*, sur quoi il y a à considérer

A. sa puissance;

B. son entendue, ce qui comprend

a. sa longueur,

b. la maniere dont il se termine,

de plus

C. la détermination de son allure,

D. ses ramifications, s'il en a.

II. L'*état intérieur* du filon.   Sur cet objet on aura égard :

1. au *minérai* et à la *gangue* qui dominent dans le filon, dont

A. on donnera une courte description orictognostique, et on marquera

B. leur fréquence,

C. l'ordre dans lequel on trouve la gangue et le minérai l'un à l'égard de l'autre.

D. les diverses variations qu'on apper-
çoit en certains endroits :

2. au *minérai* et à la *gangue,* qui se
trouvent encore dans le filon, quoiqu'en
moindre quantité.

A. On en donnera une description
orictognostique très succinte et l'on notera

B. leur fréquence,

C. l'ordre dans lesquels on les trouve,

D. où, et

E. dans quelles circonstances ils se
trouvent :

5. à ce qui concerne les *points métal-*
liques, c'est-à-dire les endroits du filon
où se trouve le minérai métallique savoir, à

A. leur grosseur,

B. leur richesse,

C. leur fréquence et leur éloignement
les uns des autres,

D. aux endroits, où on les trouve et où
on les a trouvés autrefois, en notant s'ils
ont augmenté ou diminué.

4. aux autres *qualités intérieures* du filon, savoir

A. les druses,

B. les fragments de la roche, que l'on trouve mélangés avec sa substance,

C. les lisieres (*Besteg*),

D. s'il est adhérent à la roche ou non.

III. La *roche adjacente,* dont on observera :

1. la nature et la qualité,

2. l'inclinaison de ses strates,

3. l'altération vers le toit ou le mur, ce qui comprend ;

A. la décomposition plus ou moins grande quelle éprouve,

B. les particules métalliques dont elle peut être impregnée ;

4. si elle est fendillée et de quelle maniere ;

5. les couches particulieres que l'on trouve dans la roche, dont

A. on donnera une courte description orictognostique et géognostique,

B. le lieu où elles se trouvent,

C. quel est leur effet sur le filon et réciproquement.

IV. La *maniere d'être du filon, qu'on décrit, avec les filons qui le rencontrent et réciproquement.* Pour chacun de ces filons de rencontre, on marquera :

1. le point de rencontre ;

2. on donnera une courte notice sur leur direction, chûte et profondeur, sur la nature de l'espèce de la gangue et du minérai.

3. On décrira les particularités, que présentent ces filons dans leurs interfections avec le filon principal, c'est-à-dire,

si après s'être rencontrés, ils cheminent quelque tems ensemble,

si les filons de rencontre traversent le filon principal ou

s'ils en sont traversés,

s'ils produisent des ramifications,

s'ils le brisent ou en sont brisés.

s'ils le dérangent ou s'ils en sont dérangés et qu'elle est la grandeur du dérangement,

s'ils interceptent et arrêtent entièrement le cours du filon principal ou si c'est
le leur qui en est arrêté,

quelle influence et changement ils produisent dans la nature de la gangue et du
minérai.

Telles sont les choses à remarquer dans
la description des filons, il peut être encore utile de tenir note des points suivants.

V. Des *principaux travaux d'exploitation* faits sur le filon dont on donne la description, tels que

1. les excavations, *)

2. les travaux de recherche que l'on a
poussés sur le filon, notamment.

---

*) Strassen - Fürstenbau etc.

3. les prinsipales profondeurs, que l'on a atteint sur ce filon :

VI. De la *grandeur de la concession,* l'on notera

    1. le point d'où part la concession,

    2. son étendue, ainsi que

    A. le nom du possesseur, et

    B. l'époque et la durée de la concession.

Au reste la description détaillée d'un filon, se fera dans la description du quartier où il se trouve *principalement:* dans les autres quartiers où ce même filon pourroit paroitre encore, l on se contentera de renvoyer à la description déja faite; on ne fera tout au plus mention que des changements principaux que le filon peut avoir éprouvés ainsi que des travaux, poussés sur le filon, dans le quartier dont on fait actuellement la description.

§. 110.

Comment il faudra rassembler les matériaux, propres à former *l'état* des gîtes de minérai.

Un certain nombre de sujets, à qui on donnera les instructions convenables et dont on dirigera le travail, seront chargés de faire la description particuliere des filons que l'on trouve dans chaque mine : c'est la premiere chose à faire pour se procurer les matériaux qui doivent servir à la confection d'un état des gîtes de minérais ou plutot à la description des gîtes particuliers, qui doivent composer l'état général. Une personne plus savante sera chargée de revoir, rectifier et mettre en ordre ces premiers matériaux : on se transportera sur les lieux pour revoir plus exactement les objets qui ont paru les plus importans.

Un pareil *état* des gîtes de minérais exigera un travail et un tems considérable pour être rendu complet : mais dès les commencements même tous les pas que l'on fera dans ce travail auront leur profit et *seront utiles en eux-mémes.* Aussi, comme je l'ai déja dit, n'est-ce qu'en ajoutant continuellement à ce travail les nouvelles observations que l'on fera de tems à autre, qu'on peut le rendre parfait. Pour y parvenir plus aisément, il seroit à propos d'ordonner; que dans chaque district, les officiers de mines rendroient compte non seulement de tout nouveau travail d'exploitation; mais encore de tous les changements qu'éprouve un filon; ainsi que de tous les travaux que l'on fait dans les mines soit pour exploiter, traverser ou reconnoitre plus exactement un gîte déja connu: toutes cettes observations seroient notées en abrégé dans un journal destiné à cet usage.

§. III.

Collection géographique des minéraux d'un district.

En faisant un état des différents gîtes de minérais; il conviendra encore de faire une collection des minéraux que l'on trouve dans le district; cette collection sera géographique, c'est-à-dire faite en suivant l'ordre géographique des gîtes : à chaque échantillon on joindra une petite note, dans la qu'elle on marquera le gîte et lieu d'où ce minéral est tiré, en quelle quantité et de quelle manière il y est.

§. 112.

Une pareille collection, le plan et la description du district formeront un tout complet et extrêmement instructif. Si nos ancêtres nous avoient laissé de pareils documents, ne fut-ce que depuis deux siecles et même un demi siecle, quel avantage ne nous procureroient-ils pas? de quelles incertitudes ne nous tireroient-ils pas? avec quel expressement ne feuilletons-nous pas de vieilles chroniques pour y trouver des renseignements souvent très incomplets, obscurs et incertains? Avec quel plaisir ne recevons nous pas le moindre dessin ou plan de quelque ancienne mine? Avec quelle peine ne fouillons-nous pas dans de vieux tas de décombres retirés des vieilles excavations, pour y trouver quelques échantillons qui puissent nous donner quelques notions sur les substances que l'on exploitoit autrefois? Cependant entre ces documents, et ceux que l'on pourroit se procurer de la maniere que nous avons exposée dans les paragraphes précédents, il y a autant de différence qu'il y en a entre la nuit et le jour. Ne seroit-ce pas une obligation, un devoir pour nous de rassembler et de laisser aux générations futures, autant de lumieres et de connoissances, qu'il est possible, sur les travaux de nos mines, soit de celles qu'on exploite aujourd'hui, soit de celles qui sont abandonnées.

CHAPITRE DIXIEME.

Description abrégée des principales formations de filons métalliques, qui se trouvent dans le district de mine de Freyberg.

§. 113.

Je terminerai ce traité par une petite application de ma théorie au district de mines de Freyberg, en décrivant les diverses formations de filons métalliques que j'ai observées jusqu'ici dans ce district. Cette description ne servira pas seulement à expliquer et éclaircir cette théorie, mais encore elle peut être regardée comme le commencement d'une description et d'une connoissance plus exacte du district de Freyberg. Elle fera connoitre plus exactement au mineur pratique de ce pays, la nature des gîtes qu'il exploite. Elle servira à diriger, dans l'étude pratique des filons, les personnes, qui viennent ici pour y étudier la minéralogie et la géognosie : ces per-

sonnes ont d'autant plus besoin de ce secours dans l'étude de nos filons, qu'ils sont
d'une nature plus compliquée que ceux que
l'on trouve ailleurs.

§. 114.

Bornes du district de Freyberg.

Sous le nom de *district de mines de
Freyberg* je comprends ce district naturel,
au milieu du quel se trouve la ville de Freyberg, et qui contient plusieurs *dépots* de filons métalliques, pour ainsi dire entrelacés
et enjambés les uns dans les autres. Les
mines de ce district sont depuis plusieurs
siecles l'objet d'une exploitation considérable, qui est encore aujourd'hui très flo-
rissante et d'un grand rapport : ces mines
sont auprès de *a*) Freyberg, et des villages
de Lossnitz, Hilbersdorf, Weissenborn et
Berthelsdorff ; *b*) Brand, St. Michel, Er-
bisdorff et Langenau ; *c*) Tuttendorff,
Conradsdorf, Halsbrükke, Rothfurth et
Gros - Schirma.

Ce district paroit s'étendre du côté du Midi jusques à Langenau, pas entièrement jusques à Gros-Hartmansdorff, mais jusques à Müdisdorff, et presque jusqu' à Lichtenberg: du côté du Levant jusqu' à Weissenborn et presque jusqu' à Nauendorff sans aller jusqu' à Ober- et Nieder-Bobritsch: du côté du Nord, il va presqu'à Niederschöna, Krumhennersdorff, et n'arrive pas entièremenr jusques à Hohe - Tanne mais bien jusqu'à Grosschirma: du côté du couchant il s'étend jusqu'à Waltersdorff, Klein - Schirma et Linde, de sorte que l'étendue du district est d'environ deux milles géographiques d'Allemagne en longueur et de plus d'un mille en largeur. Mais, comme il est difficile de fixer exactement les bornes d'un district ainsi que d'un dépot de mines et que même dans la nature il n'existe pas des limites exactes, puisque les formations, dépots et districts de mines se perdent peu à peu, il peut très bien se faire, qu' au de là des limites, que je viens d'assigner, on trouve encore quelques traces des formations, qui appartiennent au district de Freyberg.

Le ressort du conseil de mines de Freyberg renferme encore plusieurs autres petits districts et *dépots* de mines; tels sont les districts de Voigtsberg, de Gersdorff, de Memmendorff; les dépots de Grund, Muntzig, Scharfenberg, Bräunsdorff, Ober-Schöna, Frauenstein et plusieurs autres. Le *dépot* d'argent d'Oberschöna dans les environs de Linde, appartient peut-être au district de mines de Freyberg proprement dit.

§. 115.

Huit dépots principaux de filons.

Entre les limites que je viens de tracer, j'ai observé au moins huit *dépots* principaux de filons métalliques, sans compter quelques autres moins considérables. Ces dépots sont très distincts les uns des autres, et pour la plupart renferment plusieurs métaux. Je vais décrire les principaux en suivant l'ordre de leur *âge rélatif,* tel que j'ai pû de determiner par mes observations.

§. 116.

Description du premier dépot, dépot de galéne.

Le premier et bien décidément le plus ancien de ces dépots est un *dépot de plomb argentifère.* Eu égard à sa richesse il est un des plus importans du district : depuis les premiers tems de l'exploitation des mines de Freyberg il a sans interruption livré beaucoup de plomb et d'argent et un peu de cuivre : il donne aujourd'hui les mêmes produits et consiste en

> *galène* à gros grains, contenant une et demie jusques à deux onces et demie d'argent,
>
> *pyrite arsénicale ordinaire,*
>
> *blende noire* à gros grains,
>
> *pyrite sulfureuse ordinaire* et *hépatique,*

et quelque fois

> quelque peu de *pyrite cuivreuse,* ainsi que
>
> quelque peu de mine de *fer spathique;*

Les pierres de gangue sont

> principalement du *quartz,* quelque fois

un peu de *spath-brunissant,* et rarement un peu de *spath calcaire* presque toujours cristallisé.

Parmi tous les fossiles de cette formation le *quartz* paroit être le plus ancien ou avoir été produit le premier.

La *galène,* la *blende noire,* les *pyrites sulfureuses, arsénicales* et *cuivreuses* paroissent ordinairement avoir été formées dans la même époque, mais postérieurement au quarts. Si quelque fois il se montre quelque différence dans le tems de la production de ces minéraux, la blende paroit la plus ancienne et la galène la plus récente. La mine de fer spathique et le spath brunissant paroissent encore plus nouveaux, car presque toujours on ne les trouve qu'au milieu des filons de cette formation et souvent ils présentent des druses. Le spath calcaire, que l'on ne trouve que rarement et en petite quantité dans les filons de cette formation, est le fossile le moins ancien ; ses cristaux recouvrent les parois de druses. Outre les minéraux, que nous avons nommés, qui sont intimement unis entr'eux et qui composent le corps du filon, il s'y trouve encore quelque fois un peu de *pyrite cuivreuse*, et de la *galène* d'une formation plus nouvelle: ces deux substances minérales, unies à un peu de quarts, se trouvent presque toujours en cristaux sur le spath brunissant: mais elles sont toujours sous le spath calcaire et par-conséquent plus anciennes. La *pyrite cui-vreuse* se trouve en moindre quantité que les cinq autres minéraux, dont nous avons d'abord parlé, et il me semble même qu'on ne la trouve pas dans tous les filons de cet-te formation. Dans quelques-uns on voit quelque peu de *Fahlerz*,

qui n'y paroit jamais qu'en masses, ou disséminé et mélé avec de la pyrite cuivreuse quelque fois même il se rapproche beaucoup de la nature de ce dernier minéral. Je ne suis pas certain s'il appartient à cette formation, ou s'il en fait une particuliere.

Ce dépot se trouve presque toujours dans des filons septentrionaux, il s'étend au levant et au midi de Freyberg et occupe parconséquent la plus grande partie du district de Hohe-Birke. La puissance des filons de cette formation varie depuis six pouces, jusques à deux pieds au plus : ces filons sont en assez grand nombre : les principaux d'entr'eux sont : le filon occidental[51] *Abraham* de *Neuer-Morgenstern*, le filon oriental de *Morgenstern*, les filons septentrionaux *Kirschbaum*, *Abraham*, *Thurmhoff*, *Joseph*, *Kuhschacht*, *Thomas*, *Kröner*, *Junge-Hohe-Birke*, *Jonas*, et *Junge-Mordgrube*. Ceux dans lesquels on trouve principalement des pyrites cuivreuses sont le filon occidental *Abraham* et le filon oriental de *Morgenstern*, les filons septentrionaux *Abraham*, *Kuhschacht*, *Hohe-Birke*, *Kröner*, *Junge-*

---

51) Nous rappellons ici qu'à Freiberg on nomme filons *septentrionaux* ceux qui courent entre le N. et le N. E.; *orientaux* ceux qui sont entre le N. E. et l'E.; *occidentaux* entre l'E. et le S. E.; *et méridionaux* entre le S. E et le S. (du méridien magnétique.)

Hohe-Birke et *Jonas*. Ceux qui contiennent du *Fahlerz* sont les filons septentrionaux *Hohe-Birke*, *Kröner*, *Junghohbirke*, *Jung-Andreas*, *Jonas* et quelques autres filons dans les mines de *Junge-Thurmhoff*, *Rosenkrantz* et *Beschert-Glück*; mais pour ces derniers filons je n'ai pas encore eu occasion de décider s'ils appartiennent à la formation, que je décris ici, ou s'ils en forment une particuliere.

Hors du district de Freyberg, il y a encore deux petits *dépots* de cette formation, savoir dans le Grund et à Muntzig, le premier dans un montagne de porphyre, le second dans un schiste argilleux. Puisque ce *dépot* ou *formation* se trouve dans ces deux especes de roches on doit en conclure qu'il est moins ancien qu'elles. On le trouveroit peut-être encore dans divers endroits du *Erzgebürge*; le dépot de plomb de *Drehbach*, non loin d'Ehrenfriedersdorff, paroit lui appartenir: quant aux autres, je n'ai pas assez de données pour

pour pouvoir en dire quelque chose avec certitude. Je ne puis pas non plus assurer avoir trouvé cette formation hors de la Saxe: on sait d'ailleurs que dans ce pays, plus que partout ailleurs, on trouve la blende noire et les pyrites arsénicales.

§. 117.

Second dépot, dépot d'argent et de plomb.

Le second des dépots du district des mines de Freyberg est un dépot d'argent et de plomb: eu égard à la quantité d'argent, qu'il a donné et qu'il donne encore, il est le plus important des dépots de ce district: les minérais, qui le composent, sont

de la *galène* à gros et petits grains et très riche en argent,

de la *blende noire* à petits grains,

des *pyrites sulfureuses ordinaires* et *hépatiques*, et presque toujours

un peu de *pyrites arsénicales;*

De plus

de la mine d'*argent rouge foncé*,

de la mine d'*argent aigre*, *(Spröd-Glaserz,)*

de la mine d'*argent blanc*, *(Weis-giltigerz,)*

du *Federerz*, (mine d'antimoine en barbes de plume.)

La gangue consiste

principalement en *quartz*,

beaucoup de *spath brunissant*, et souvent

du *spath calcaire*.

Il est très aisé de distinguer dans cette formation de filons, l'âge de différentes especes des minéraux qui le composent. Le plus ancien est presque toujours le *quartz*, qui est habituellement déposé immédiatement sur les salbandes. Ses cristaux, en forme d'un long prisme hexagone, implanté par une de ces extrémités, forment les parois des druses. Sur et dans ces parois sont la *blende noire*, la *pyrite arsénicale*, la *galene* et la *pyrite sulfureuse*. Il semble que la blende et la pyrite arsénicale, sont de formation un peu plus ancienne. Par dessus vient le *spath brunissant :* après se trouvent les trois minérais d'*argent*, savoir l'*argent aigre*, l'*argent rouge*, l'*argent blanc*, encore une fois de la *galène* et quelque fois un peu de *pyrite sulfureuse commune ;* de ces cinq substances la galene paroit être la plus ancienne, et les trois minérais d'argent semblent avoir été formés dans un même tems. Quelque fois il se trouve encore par dessus ces minérais d'argent quelques petits cristaux de *quartz* fort petits et pointus par leurs extrémités. Enfin vient le spath calcaire, lorsqu'il s'en trouve, c'est le fossile le moins ancien, il est toujours au milieu des filons ; lorsque ceux-ci présentent des druses, ses cristaux en tapissent les parois. Le *Federerz* ne se trouve que rarement dans les filons de cette formation, il y est presque toujours dans les druses, ce qui fait voir qu'il est un des minéraux les moins anciens de la formation. Je crois qu'il étoit contenu dans la même dissolution que les cinq minérais d'argent, mais qu'il s'en est précipité plus tard.

Quoique les minéraux, qui composent cette formation, se trouvent presque toujours ensemble dans les filons; il arrive cependant que la blende noire, la pyrite arsénicale, la galene, la pyrite sulfureuse se trouvent presque seules avec du quartz, et quelque peu de spath brunissant : d'autrefois au contraire c'est l'argent aigre, l'argent rouge, l'argent blanc, la galene que l'on trouve seuls avec le quarts et le spath brunissant; et lorsque ces derniers minérais sont dans un même filon avec les premiers, ils occupent presque toujours la partie supérieure. Il paroit de là que cette formation pourroit être partagée en deux autres, dont celle qui contient les minérais d'argent est décidemment la plus nouvelle.

Mais comme ces formations se trouvent ici presque toujours réunis dans le même filon je les ai *en attendant*, regardées comme n'en formant qu'une. Si l'on vouloit les séparer, on pourroit appeller la premiere *dépot de plomb riche en argent* et la seconde se nommeroit *dépot de mine d'argent rouge et blanc*. Le spath brunissant de cette derniere formation est habituellement d'une rouge couleur de chair, quelque fois rose ; lorsqu'il est en cristaux, ils ont la forme de petites lentilles ordinaires. Ces deux formations paroissent d'un âge peu différent ; elles sont plus anciennes que les suivantes, mais plus nouvelles que celle que j'ai décrite dans le paragraphe précédent, et qui est la plus ancienne du district de Freyberg.

Ce second dépot se trouve dans des filons septentrionaux, méridionaux et occidentaux, présque toujours *etroits* et d'une puissance de 2 et au plus 10 pouces : On le rencontre principalement dans le district de *Brand*; dans la plupart des filons de *Himmelsfürst*, *Rosen*, *Donath*, *Gelobt Land*, *Altgrünzweig*, *Vergnügte Anweisung*, *Joel*, *Palmbaum* et *Herzog August*. De même dans les mines : *Neu Glück drey Eichen*, *Beschert Glück* et *Jung-Himmlisch-Heer*, à *Alte Élisabeth* et, si je ne me trompe, à *Krieg und Frieden*. Hors du district de Freyberg proprement dit, mais dans l'arrondissement du conseil des mines, ce dépot se trouve encore dans le district de Voigtsberg, à la riche mine d'*Alte-Hoffnung Gottes*. Je ne l'ai trouvé nulle autre part soit en Saxe soit hors de ce pays.

§. 118.

Troisieme dépot : dépot de galène et de pyrite sulfureuse. [52]

Le troisieme dépot est un *dépot de plomb pauvre en argent*, il est exploité

---

52 Par le mot pyrite sulfureuse, les Allemands désignent la pyrite martiale ou fer sulfuré.

depuis les tems les plus anciens, et il contient

de la *galene*, qui donne environ une once d'argent. (par quintal)

beaucoup de *pyrites sulfureuses* presque toutes communes,

.. pas beaucoup de *blende noire*, et

presque toujours un peu d'*ocre rouge*. La gangue consiste en

quarts, quelque fois aussi

en terre de *chlorite*, mélée et enveloppée d'argille.

La galene de ce dépot est souvent *testacée*.

Ce dépot paroit être beaucoup moins ancien que les précédents. Il ne se trouve presque que dans des filons septentrionaux et d'une puissance médiocre. On le rencontre principalement dans le district de la ville et dans celui de *Halsbrükke*. A cette formation appartiennent les filons de la mine de *Priesterlicher Glückwunssh*, et vraissemblablement aussi les filons d'*Anna Fortuna*, les filons septentrionaux *Drey-*

faltigkeit, et *Nachtïgall* auprès de Tuttendorff, les filons de *Himmelfarth Christi*, le filon septentrional *Rothgrube* et plusieurs autres. Tous les filons (de ce district,) que les anciens appelloient *filons pyriteux*, appartiennent suivant toute apparence à ce troisième dépot.

§. 119.

Quatrieme dépot, dépot de galène.

Le quatrieme dépot de filons métalliques de ce district est également un *dépot de plomb pauvre en argent*. Il est beaucoup moins ancien que les précédents. Le minérai consiste en

galene presque toujours
contenant un quart ou tout au plus trois quarts d'once d'argent,

pyrite rayonnée,
quelque fois un peu de *blende brune*.

Les pierres de gangue bien distinctes sont

le *spath pesant* de presque toutes les especes,

le *spath fluor*, jaune, bleu clair et blanc,

quelque peu de *quartz* et

rarement du *spath calcaire*.

Ce dépôt se trouve ordinairement dans des filons qui ont depuis un pied jusqu'à deux toises de puissance : et qui sont présque tous occidentaux. On le trouve principalement dans le district de Halsbrücke : il forme le filon considérable et puissant appellé *Halsbrückner Spath*, ainsi que les deux branches de ce filon dont l'une s'étend vers le couchant jusques à *Kurprinz*, et l'autre vers le levant jusqu'à *Lorenz Gegentrum*. On voit encore ce dépôt dans les filons *Isaak Freudenstein* et *Komm Sieg mit Freuden*, et dans plusieurs autres filons qui à partir de cet endroit courent au midi et s'étendent sous la ville même : de ce nombre sont les filons occidentaux de *Morgenstern*, une branche (*trum*) du filon occidental *Abraham* de *Neu-Morgenstern*. Cette formation se voit en outre dans le district étranger, qui releve du conseil de mines de Freyberg, entr autres dans les districts de Gersdorff et Memmendorff. Dans nos hautes montagnes elle se trouve principalement auprès de *Tschopau* à la mine de *Dreyfaltigkeit*. Dans tous ces trois endroits elle est dans des filons occidentaux, qui, à Gersdorff et à Tschopau, sont très puissants. Je la soupçonne encore à Annaberg dans la mine *Galiläische Wirthschaft* et dans plusieurs autres. Hors de la Saxe elle se trouve dans la plupart des filons de *Peak de Derbishire* en Angleterre, à *Gislöff* en Schonen province de Suède: dans le premier de ces pays elle est dans des roches calcaires secondaires, ce qui décèle sa nouveauté.

§. 120.

Avec la formation que nous venons de décrire il s'en trouve encore une autre, qui consiste en

Fahlerz d'un gris clair et riche en argent

un peu de *pyrite cuivreuse*, et

quelque peu de galene à grains petits et fins.

Elle se trouve dans

du *Hornstein* tirant sur le quartz,

quelque peu de *spath pesant* commun,

peu de *spath fluor*.

Elle ne se trouve presque que dans les filons de la formation, que nous venons de décrire, mais c'est dans des ramifications particulieres; elle paroit être à peu près du même âge, il me semble cependant qu'elle est un peu plus ancienne.

Elle se voit principalement dans le puissant filon *Halsbrückner-Spath* et ses continuations telles que le *Ludwiger Spath* de Churprinz; dans des filons auprès de Gersdorff, et auprès de Tschopau à la *Dreyfaltigkeit*.

§. 121.

Cinquieme dépot; dépot d'argent natif et de galene de cobalt.

Le cinquieme dépot de filons métalliques de ce district est un dépot d'*argent natif*, d'*argent vitreux*, et de *galene de cobalt*. Il contient

de *l'argent natif*, capilliforme, dentiforme, et de forme superficielle,

de la *mine d'argent vitreux*, (argent sulfuré,)

dn la *galene de cobalt*, ordinairement en rézeau et quelque fois aussi

un peu de *fahlerz*,

de la *galene* très riche en argent,

un peu de *blende brune* à grains fins,

de la mine de *fer spathique* à grains fins.

La gangue est

du *spath pesant*, dont un commencement de décomposition a affoibli la consistance (*mulmich*),

du *spath fluor* d'un bleu violet, à grains petits et fins.

T

Dans le district de Freyberg, cette formation se trouve presque toujours dans dans l'intersection des filons septentrionaux et occidentaux; (les premiers contiennent presque toujours la premiere et les autres la quatrieme des formations que nous avons décrites): quelque fois on la trouve même au milieu de ces filons occidentaux; l'exploitation en a été dans quelques endroits fort riche. Les filons de cette formation, sont principalement au levant et au nord de la ville, nommément dans les mines de *Himmelfahrt*, *Segen Gottes*, *Schlöschen*, *Morgenstern* et *Neu-Morgenstern*. Les profits considerables, que l'on tiroit autrefois de Morgenstern, venoient de ce dépot; il se trouvoit à l'intersection des filons occidentaux *Gutmorgen* et *Silberpräsent* avec le filon oriental de *Morgenstern*. Cette formation fournit encore les revenus considérables que l'on tire des mines de *Himmelfahrt* et de *Neu-Morgenstern*: même dans les tems reculés, elle doit avoir donné beaucoup d'argent, c'est elle qui renfermoit vraissemblablement l'argent capilliforme que l'on exploitoit, suivant Albert le grand, au milieu du treizieme siecle[53]). J'ai vu cette formation dans le *Obererzgebirge* dans le district de Marienberg, entr'autres endroits à la Trinité près Tschopau, à *Glücksgarten* dans le *Hopfgarten* au dessous de Wolkenstein; dans le district de Annaberg à *Markus-Röhling, Galiläische Wirthschaft*, ainsi que dans plusieurs autres mines auprès de Schletau et de Scheibenberg. Je ne sache pas qu'elle se trouve hors de la Saxe,

Le *Fahlerz* riche en argent, joint à la galene et à la blende brune, que je mets dans cette formation, pourroit bien faire une formation particuliere et séparée; je le soupçonne fortement.

---

53) ,,Invenitur enim argentum nativum in loco Theu-
,,toniae, qui dicitur *Wrieberg*, quod sonat liber mons,
,,aliquando molle sicut *pultes tenaces*, et est puritissi-
,,mum et optimum genus argenti.
De mineralibus et rebus metallicis libri quinque.
Auctore Alberto Magno Colon. 1669. pag. 280. 281.

§. 112.

Sixieme dépot, dépot d'arsenic **natif** et d'argent rouge.

Le sixieme dépot de filons métalliques est un dépot d'*arsenic natif* et de *mine d'argent rouge*.

Il contient

principalement de l'*arsenic natif*, **de** l'*argent rouge clair*,

quelque fois aussi un peu d'*orpiment*,

rarement quelque peu de *Kupfernikkel*,

de la *galene de cobalt*,

un peu d'*argent natif*,

un peu de *galene de plomb*,

des *pyrites sulfureuses* et

de la mine de *fer spathique*.

Les minérais se trouvent dans

du *spath pesant ordinaire* ou *testacé*,

du *spath fluor verd*,

du *spath calcaire* et

quelque peu de *spath brunissant*.

Cette formation se voit à Freyberg dans les intersections ou le milieu des filons, surtout de ceux qui contiennent les deux formations précédentes. On la trouve principalement au milieu du filon de la mine de *Kurprinz*. J'en ai vu quelques traces à *Isaac*. Elle existe aussi à *Beschert Glück*, mais je ne sais encore de quelle maniere. Je me rappelle, mais confusement, de l'avoir vue dans la mine de *Himmelfahrt* et de *Gott mit uns*. Dans le district étranger de l'arrondissement de Freyberg je ne la connois qu'à Gersdorff, encore n'en ai-je vu qu'un petit échantillon. Elle se trouve principalement dans le *Obererzgebürge* et notamment à *Palmbaum* auprès de Marienberg; et y est jointe à quelque peu de galene, de molybdène; elle se voit encore à *Bierschnabelstollen* près de Annaberg, et à *Herzog Karl* près d'Ehrenfriedersdorf. Les nombreux minérais d'argent, que l'on a exploités dans des tems reculés à Ehrenfriedersdorf dans le *Sauberg*, ainsi que dans le voisinage principalement à *Klingelschlägel*, ces nombreux minérais d'argent, dis-je, d'après les échantillons, que j'en ai vus, me paroissent appartenir à cette sixieme formation. Elle existe encore dans les environs de *Bärenstein* et de *Wiesenthal* principalement dans la mine *Kinder Israël*. On l'a trouvée autrefois à *Neu-Leipziger Glück* près de Johanngeorgenstadt. Hors de la Saxe on la rencontre à Joachimsthal principalement sur le *Huber*. Je crois qu'elle se trouve aussi à *Sainte Marie aux mines* en Alsace. Je ne sais si je dois regarder la galene de cobalt (avec le Kupfernikkel et l'argent natif,) que j'ai dit appartenir à cette formation, comme lui appartenant réellement, ou bien comme fesant partie de la précédente; j'incline vers cette seconde opinion.

Cette sixieme formation, ainsi que la cinquieme sont décidémeut postérieures à la quatrième; car elles ne se trouvent que dans les intersections, ou dans le milieu des formations de cette quatrième, elles s'y trouvent cependant presque toujours séparément. Je ne suis pas encore en état d'affirmer avec certitude, quelle est la moins ancienne des deux : Il me semble cependant que c'est la dernière, savoir celle d'arsenic natif et d'argent rouge.   Car je crois que ces deux formations se trouvent ensemble dans quelques mines du *Obergebirge*, et dans ces endroits j'ai vu l'argent rouge, placé sur la galène de cobalt.

§. 123.

Septieme dépot, dépot de mine de fer rouge.

Le septieme des dépots de filons métalliques du district de Freyberg est un dépot de mine de *fer rouge*.

Il contient uniquement

de la mine de *fer rouge ocracée* ou *hématite rouge*.

quelque peu de mine de *fer spéculaire* dans

du *quartz* et

quelque peu de *spath pesant*.

Cette formation, d'un intérêt nul dans l'exploitation des mines de Freyberg, se

trouve aux environs de Losnitz et de Wal-
tersdorf, dans les mines d'*Anna fortuna,*
Vergnügter Bergmann, et de *Johannes*
du *Lerchenberg*; dans la vallée de *Münz-*
bach et dans d'autres mines qui sont au
levant et au midi de la ville: elle y est ordinairement dans la partie supérieure des filons. On l'a trouvée également dans les
mines de *Zwölf Schlüssel, Roth* und *weis-*
ser Löwe, et je crois, dans des tems plus
anciens, dans celles de *Junge hohe Birke,*
Junge Andreas, Kröner et vraissemblablement aussi a *Junge Thurmhof.* Cette
formation est certainement une des plus
jeunes, comme il paroit par la position
qu'elle occupe dans les filons. Peut-être
c'est elle qui forme les nombreux et considérables filons de mine de fer rouge, qui,
commençant dans le Obergebirge à Gieshü-
bel, s'étendent jusques dans le Voigtland
et descendent jusques à Wolkenstein et
Ehrenfriedersdorf. Il se pourroit bien
aussi que la couleur rouge du Gneis, dans
quelques endroits de la superficie des mon-

tagnes du district de Freyberg, provint de cette formation de mine de fer rouge.

§. 124.

Huitieme dépot, dépot de cuivre.

Le huitieme dépot de filons métalliques de ce district est un dépot de *cuivre*.

Il consiste en

pyrite cuivreuse,

verd de montagne, (Kupfergrün)

malachite et *ocre de fer rouge* et *brune* avec

quelque peu de *quartz* et

un peu de *spath fluor.*

Cette formation est de peu d'importance; on la trouve à une lieue de la ville du côté du levant: principalement auprès de Conradsdorf, dans les mines de *Johann-Georgen, Neubeschert Glück, Lorenz-Gegentrum.* Je ne suis pas en état de dire positivement si les filons de cuivre de *Johannis* sur le *Högliz-Höhe,* non loin d'Altenberg, ainsi que dans le *Stockwerk* de

Seiffen, et dans la mine de *Fortuna* auprès de *Grünthal*, qui contiennent les mêmes minérais, appartiennent à cette formation ou non.

§. 125.

Autres formations dans le district de Freyberg.

Tels sont les dépots de filons métalliques les plus remarquables que présente le district de mines de Freyberg. Si l'on considere le nombre et la richesse des filons que ce district renferme on ne sera pas étonné de la grande quantité de trésors qui sont déja sortis de nos mines, et l'on concevra encore l'espérance bien fondée d'une heureuse exploitation pour l'avenir.

Au reste je ne doute nullement, qu'à ces formations de filons métalliques on n'en puisse ajouter quelques autres moins remarquables et moins riches: par exemple, je crois avoir vu dans la mine d'*Himmelsfürst* deux formations d'argent, qui ne se trouvent pas dans le reste de nos montagnes.

Une de ces formations contient,

de l'argent natif dendritiforme,

dans

du *spath pesant commun* et

du *spath brunissant.*

Cette formation se trouve aussi à *Wit-tichen,* dans la forêt noire en Souabe, pays de Fürstenberg, et à *Sainte Marie aux mines* en Alsace.

La seconde formation consiste en

argent natif dentiforme,

mine d'*argent vitreux,*

quelque peu de *blende brune* et en

mine de *fer spathique,*

dans et avec du

spath calcaire et

spath brunissant.

Cette formation se voit, à ce que je crois, à *Ratiborschiz* en Bohême et au *Priester* à Schneeberg.

Je ne sais pas encore positivement à quelle formation appartient

la mine d'*argent rouge clair,* en partie *cristallisée*, en partie de *forme super-ficielle*,

que l on a trouvée et que l'on trouve encore assez fréquemment à *Beschert Glück, Junge Thurmhof* et *Kröner*, je serois tenté de croire qu'elle appartient à la quatrième formation, savoir à celle d'arsenic natif et de mine d'argent rouge clair. Ordinairement elle se trouve dans des filons très ferrugineux.

De plus l'on a tiré de plusieurs filons du district de Freyberg, principalement dans les mines de *Johannes* sur le *Lerchenberg*, de *Lorenz-Gegentrum* et *Jonas*,

du *cuivre bigarré* avec

des *pyrites cuivreuses* et même

quelque peu de *cuivre vitreux*, (cuivre sulfuré.)

Je ne sais si cette formation doit être comptée parmi les précédentes ou si elle en forme une séparée.

Je soupçonne encore qu'outre les trois dépots de plomb dont j'ai parlé, il y en a un quatrième, qui semble être plus nou-

(50:)

veau que les précédents et qui consiste en

galene testacée riche en argent,

galene compacte,

quelque peu de *pyrites sulfureuses,*

blende noire et

mine de *fer spathique.*

Elle est presque toujours dans
un *limon argilleux.*

Je crois qu'elle se trouve à *Holewein*
dans le filon *Heinrich,* à *Morgenstern*
dans le filon *Harnisch,* et à *Himmelfahrt*
dans le filon *Frischglück:* tous ces filons
sont septentrionaux et ont peu d'épaisseur.

On parle encore d'un minérai d'étain
compacte, que l'on exploitoit, dit-on,
autrefois au Süd est du district de Freyberg;
mais jusqu'ici je n'en ai pas vu la moindre
trace.

J'ai déja remarqué que le second, le
quatrieme et le cinquieme dépot renfermoient des minérais qui paroissent faire
des formations particulieres.

Quant aux filons, qui ne renferment que des
substances pierreuses, telles que le quarts,

le spath brunissant, le spath pesant, l'argille,
je n'en fais point mention, parceque je n'ai
voulu traiter que des formations de filons mé
talliques. D'ailleurs je n'ai pas encore assez
de données pour pouvoir dire quelque chose
de positif à cet égard.

§. 126.

Tel est le résumé des connoissances
principales que je me suis procuré jusqu'ici
sur le district de Freyberg: j'ai acquis ces
connaissances, par des observations réité-
rées, faites de mes propres yeux pendant
trente ans, je les ai acquises en descendant
fréquement dans l'intérieur des mines, en
examinant scrupuleusement les minérais,
que j'ai vus dans diverses collections et à
l'authenticité des quels je pouvois me fier,
enfin en prenant tous les renseignements
imaginables. Je me flatte que l'exposition,
que je viens de faire de l'état du district
de Freyberg, ne servira pas seulement de
modéle à de semblables observations; mais
encore qu'elle excitera le patriotisme des mineurs Saxons, et les portera à augmenter et à
completer le tableau géognostique et miné-

ralogique dont je viens de donner une esquisse.

§. 127.

Encore quelques nouvelles formations de minérais.

Je ne puis encore m'empecher de dire que dans la *partie étrangere* de l'arrondissement des mines de Freyberg, on trouve encore trois *dépots métalliques particuliers et très distincts.*

Le premier est un dépot de mine d'*argent rouge*, qui ne consiste qu'en

mine d'*argent rouge foncé*; il se trouve dans

du *quarts*, qui tire au (*Hornstein*) petro-silex, et est quelque fois coloré en verd sur les Saalbandes.

Ce dépot se trouve dans les mines de *Daniel*, *Alte Hoffnung*, *Christbescherung* auprés de Voigtsberg, à Bräunsdorf et dans plusieurs autres lieux.

Le second est un petit dépot d'*antimoine*, il contient principalement de la

mine d'*antimoine grise* dans du *quartz*.

Il se trouve dans les mines de *Alte Hoffnung* au *Klein - Voigtsberg*, de *Neue Hoffnung*, de *Siegfried*, de *Verträgliche Geseilschaft* à Bräunsdorf: il est mélé avec le précédent, mais il paroit moins ancien que lui.

Le troisieme est le dépot de *plomb* et d'*argent* de Scharfenberg.   Il contient

de la *galene à petits grains* et riche en argent,

de la *blende jaune* et *rouge*,

quelque peu de *pyrite sulfureuse commune*, quelque fois

un peu d'*argent natif* et

de l'*argent vitreux*

Tout cela est dans

du *spath brunissant à grains gros* et *petits*,

du *quartz* et méme

un peu de *spath calcaire*.

Cette formation ne se trouve dans aucun autre endroits de la Saxe: mais on la voit à *Kapnik* en Transilvanie.   Il seroit possible qu'elle contint un peu d'or.

SUPPLEMENT.

---

§. 128.

Gîte singulier appellé *Buzen-Wakke* à Joachimsthal.

Après l'impression de mon ouvrage, j'ai eu occasion de faire quelques observations, que je vais ajouter ici, parceque je les crois propres à servir d'explication et même de preuve à ma théorie des filons.

Dans les *Annales de chimie de Crell*, j'ai donné la description d'un gîte de *Wakke*, connu sous le nom de *Buzzenwakke*, que l'on voit dans la galerie *Barbara* à Joachimsthal : cette Wakke appartient à la formation de Trapp ; elle se trouve dans une roche primitive de schiste micacé et de schiste argilleux, le gîte descend à une profondeur de plus de 150 Toises ; il renferme des arbres à demi pétrifiés, qui ont encore leur écorce, leurs branches, leurs feuilles. Ce gîte ressemble beaucoup aux filons;[55]) et il est bien hors de doute, que ce n'est qu'une énorme fente, qui s'est faite dans cette montagne primitive et élevée, et que cette fente a été ensuite remplie de Wakke par le haut. Quelle est la révolution qui peut avoir produit cette fente? Quelle est celle qui peut l'avoir remplie?

§. 129.

De quelques vallons étroits, regardés comme des fentes.

Monsieur de Gruner de Berne, un de mes éleves les plus distingués et particulierement un fort bon Géognoste, m'a communiqué il y a quelques années une observation intéressante: savoir, qu'on trouve dans les *Alpes-Suisses*, notamment dans le Valais, des vallons étroits qui coupent et séparent la croupe des montagnes, et semblent n'être autre chose, que de grandes fentes. Quelque tems après j'ai trouvé la

___

55) Les deux saalbandes ne sont point parallèles, elles convergent en s'enfonçant de sorte que le gîte est cunéiforme et très large dans le haut.

1 même observation dans les lettres minéra-
1 logiques de Ferber.

On voit quelque chose de semblable dans le Derbishire: Whitehurst, dans son traité de la formation de la terre (pag. 180), dit: qu'on voit près de Matlok une semblable fente: le fond en est rempli de débris de la roche, qui constitue la montagne: le haut est un *vallon étroit,* dans le quel coule le Derwent.

§. 130.
Druse d'Andreasberg.

M^{r.} de *Trebra,* aujourd'hui capitaine-général des mines de Saxe (*Ober-Berg-hauptmann*) a donné, dans le Magazin de Göttingue, une déscription courte, mais instructive d'une cavité ou druse découverte en 1785 à Andreasberg, dans le filon *Fünf Bücher Mosis.* Elle a deux toises et demi de long et en quelques endroits plus de 30 pouces de large. Elle étoit non seulement tapissée des plus beaux cristaux de spath calcaire:

mais **encore**, elle renfermoit de grosses pièces de ce minéral, qui étoient ou couchées les unes sur les autres, ou comme suspendues dans l'intérieur de la cavité, ces pieces étoient également recouvertes de cristaux, qni en partie les lioient les unes aux autres.

§. 131.

Pétrifications trouvées en Hongrie par Msr. Fichtel.

Un de mes amis m'a envoyé, il y a quelque tems, un passage extrait des observations minéralogiques de Fichtel, sur les monts Crapacks [55]); ce passage, donne trois nouveaux exemples des pétrifications qui se trouvent dans les filons métalliques de la Hongrie et de la Transylvanie; je le transcris ici tel qu'on me l'a envóyé.

,,L'on m'a fait voir à Kremnitz un minéral ,,tiré des mines de *Stadthandlung*: c'étoit ,, une fongite feuilletée de la grosseur d'une

---

55) Partie l. p, 48 et 49.

„noîx: ces feuillets paralleles renfermoient
„et embrassoient une petite boule qui étoit
„enchassée dans son intérieur. La substan-
„ce de cette fongite et de la boule est de fer
„spathique d'un brun foncé (ce n'est point
„du spath brunissant, car il ne contient
„point du tout de manganèse.) Elle est
„sur du quartz cristallisé, qui se trouve lui
„même sur du *Graustein* (roche porphirique
„appellée *saxum metalliferum* par Borne[56])
„décomposé, outre cette fongite toute la
„surface du minéral étoit recouverte de gros
„et petits rhombes de fer spathique d'un
„brillant d'or.«

„A Schemnitz on m'a montré égale-
„ment, mais sans me dire dans quelle mine
„on l'avoit trouvée, une coquille bivalve
„de la grosseur d'une noisette; également
„posée sur du quartz et du *Graustein* dé-
„composé. Les deux valves sont séparées les
„unes et des autres, mais toutes entieres,
„perpendiculaires l'une sur l'autre; avec

---

56) Ce *graustein* n'est point celui que Werner dans
sa géognosie met au nombre des *traps secondaires*.

„un bec pointu très recourbé.   La coquille
„est pliée, renflée, à écailles épaisses,
„polie, fortement calcinée et semble appar-
„tenir aux coquilles *cordiformés*.

„Si à ces deux espèces de pétrifications,
„on ajoute les Madrépores dont parle le
„conseiller aulique de Born, et ensuite cet-
„te espece de *Mondschnecke* (espece de
„limaçons) que je possede et qui a été
„trouvée dans un filon d'or en Transilvanie:
„nous aurons quatre exemples incontesta-
„bles des pétrifications que l'on trouve dans
„les filons métalliques de la Hongrie et de
„la Transylvanie.“

Dans une remarque, qui termine ce
passage, le même auteur dit:

„Tout Géognoste instruit se gardera
„bien de regarder cette montagne comme
„*neptunienne:* car sa masse ne contient
„pas le moindre vestige de corps marins,
„quoiqu'on en trouve dans les filons qu'elle
„renferme.

(511)

§. 152.

Je recommande aux Minéralogistes, qui voudroient faire des observations sur les filons, d'étudier principalement ceux que l'on trouve dans le montagne appellée le *Erzgebirge* tant du côté de la Saxe, que de la Bohême, (principalement Joachimsthal): ainsi que ceux qui sont dans le Hartz, et le Derbishire en Angleterre. Peut-être aussi que les montagnes de Cornouailles et celles de Kongsberg en Norwege fournissent matière à des observations interessantes.

www.ingramcontent.com/pod-product-compliance
Lightning Source LLC
LaVergne TN
LVHW011921180726
843502LV00003B/682